AutoCAD 2013

2013

土木建筑制图

谢美芝　罗慧中 ● 主编

陈倩华　王晓燕　韦超毅 ● 副主编

（第2版）

清华大学出版社

北京

内 容 简 介

本书介绍了最新版本的 AutoCAD 2013 的功能与应用。书中按照工程设计的顺序，从基本绘图设置入手，循序渐进地介绍了如何使用 AutoCAD 2013 绘制和编辑二维图形、标注文字、标注尺寸与尺寸约束、各种精确绘图工具、图案填充、创建块与属性、绘制轴测图、绘制土木工程类专业图、基本三维模型、复杂实体模型、渲染以及图形打印等。本书结合土木工程、建筑、道路和桥梁、水建等专业制图的特点，以大量的工程实例，详细介绍了使用 AutoCAD 2013 中文版绘制各种土木工程图形的方法和技巧。

本书作者从事工程制图及计算机绘图的教学和研究已经十多年，书中饱含作者多年的经验和心血。本书充分考虑到教师的授课以及学生、自学者的学习需要，在各章中配有精心选择的综合应用实例和上机练习题，可以使读者进一步加深对各章知识的理解，循序渐进地掌握和灵活使用 AutoCAD 2013 的绘图命令、作图方法以及应用技巧，从而能够快速、全面、准确地运用 AutoCAD 2013 解决实际工程问题。

本书具有很强的针对性和实用性，且结构严谨、叙述清晰、内容丰富、通俗易懂，既可作为高等本科院校，大、中专院校相关专业以及 CAD 培训机构的教材，也可作为从事 CAD 工作的工程技术人员的自学指南。

本书课件下载网址： www.tup.com.cn。

图书在版编目（CIP）数据

AutoCAD 2013 土木建筑制图/谢美芝，罗慧中主编. —北京：清华大学出版社，2013（2024.8重印）
ISBN 978-7-302-32985-5

I. A⋯ II. ①谢⋯ ②罗⋯ III.建筑制图-计算机辅助设计-AutoCAD 软件 IV. TU204

中国版本图书馆 CIP 数据核字（2013）第 148246 号

责任编辑：钟志芳
封面设计：刘 超
版式设计：文森时代
责任校对：马子杰
责任印制：刘 菲

出版发行：清华大学出版社
　　　网　　　址：https://www.tup.com.cn，https://www.wqxuetang.com
　　　地　　　址：北京清华大学学研大厦 A 座　　　邮　　编：100084
　　　社 总 机：010-83470000　　　邮　　购：010-62786544
　　　投稿与读者服务：010-62776969，c-service@tup.tsinghua.edu.cn
　　　质量反馈：010-62772015，zhiliang@tup.tsinghua.edu.cn
印 装 者：天津鑫丰华印务有限公司
经　　销：全国新华书店
开　　本：185mm×260mm　　　印　　张：16.25　　字　　数：371千字
版　　次：2010 年 3 月第 1 版　2013 年 9 月第 2 版　印　次：2024 年 8 月第 7 次印刷
印　　数：8031～8130
定　　价：49.90 元

产品编号：052807-02

前　言

AutoCAD 是美国 Autodesk 公司开发的专门用于计算机绘图和设计工作的软件。AutoCAD V1.0 自 AutoCAD 公司于 1982 年 12 月发布以来，由于其具有简便易学、精确高效等优点，一直深受广大工程设计人员的青睐。迄今为止，AutoCAD 历经了 20 余次的扩展与完善，最新的 AutoCAD 2013 中文版极大地提高了二维制图功能的易用性和三维建模的功能。

本书是在第 1 版《AutoCAD 2009 土木建筑制图》（2010 年 3 月出版，深受读者喜爱）的基础上，依据《房屋建筑制图统一标准》、《建筑结构制图标准》、《道路工程制图标准》、《水电水利工程基础制图标准》等多种国家、部、行业标准进行编写，使图形更加标准规范，同时注重吸收学科发展的新知识，对教材中的例题和上机练习进行了合理调整及补充，修订了第 1 版中的一些错误。不同专业在使用教材时，可根据需要查阅相关标准。

本书作者从事工程制图及计算机绘图的教学和研究已经十多年，积累了丰富的教学与实践经验，因此我们在本书的体系结构上做了精心安排，力求全面、详细地介绍 AutoCAD 2013 的各种绘图功能，并且特别注重实用性，以便学习者能够利用 AutoCAD 2013 高效、准确地绘制工程图形。

重点内容

本书共 11 章，重点内容如下。

零起点，从界面操作开始。首先介绍 AutoCAD 2013 的操作界面和基本操作，如菜单、工具栏、图层和视图等的使用，让读者明白绘制图形前的准备工作，快速掌握 AutoCAD 2013 绘图基础，以便后续内容的学习，重点参考第 1～2 章。

二维绘图从入门到精通。在掌握 AutoCAD 2013 基本操作的基础上讲解二维绘图的绘制及编辑，如点、线、多边形、圆、圆弧、椭圆、椭圆弧、构造线、多段线、圆环、多线、样条曲线等的绘制和编辑，介绍精确绘图工具、注释文字和表格以及如何标注图形尺寸和进行标注约束、块操作。另外，还介绍了轴测图的画法。所有实例及上机练习均是从简单图形的绘制到复杂图形的绘制，循序渐进，使初学者更容易领会画图的方法及技巧，重点参考第 3～8 章。

满足土木建筑等专业的需求，7 个专业范例。本书第 9 章介绍了 7 个工程范例，即标准层平面图（图 9-1）、南立面图（图 9-14）、建筑剖面图（图 9-19）、楼梯剖面详图（图 9-24）、钢筋混凝土梁结构详图（图 9-30）、桥梁总体布置图（图 9-35）、分水闸设计图（图 9-39），让读者学以致用，了解相关专业需求，为成为专业 CAD 设计师奠定良好基础。

三维绘图及图形输出。介绍了 UCS（用户坐标）的设置和创建、编辑及渲染三维实体模型，并介绍了工程图在模型空间及图纸空间中输出的方法，重点参考第 10～11 章。

主要特色

本书采用图文对照的形式，结合土木工程、建筑、道路和桥梁、水建等专业的工程实例，介绍 AutoCAD 2013 的基本使用方法，注重从工程制图的国家标准要求出发，由精通工程制图标准以及相关专业知识的教师编写，使内容重点更加突出，图形表达更具标准化。另外，上机练习紧扣专业内容，使读者更早地了解工程图的特点和一系列规定画法。同时，本书还在关键处不时地穿插一些提示或说明文字，可以起到"一语惊醒梦中人"的效果，是读者学习过程中的良师益友。

本书作者

本书由广西大学土木建筑工程学院谢美芝（编写前言，第 4、5、7 章和第 10 章图纸空间输出部分）、罗慧中（编写第 2、6、8、11 章和第 10 章模型空间输出部分）、陈倩华（编写第 3 章）、王晓燕（编写第 9 章）和广西大学机械学院韦超毅（编写第 1 章）编写。全书由谢美芝、罗慧中担任主编，陈倩华、王晓燕、韦超毅担任副主编。

在此对清华大学出版社的编辑及参考书目中的作者表示深深地感谢！

限于编者水平，书中难免有纰漏之处，敬请广大读者批评指正！作者邮箱为 meizhi.xie@163.com。

编者

目　　录

第 1 章　AutoCAD 2013 入门

1.1　AutoCAD 2013 概述

1. AutoCAD 功能介绍

　　AutoCAD 是计算机辅助设计（Computer Aided Design，CAD）的一部分，也是计算机科学技术发展和应用中的一门重要技术。所谓 CAD 技术，就是一门利用计算机便捷的数据处理与强大的图文处理功能，来辅助工程技术人员进行产品设计、工程绘图和数据管理的计算机应用技术，如提供模型、编辑、绘图等。它现在已成为一项帮助工厂、企业与科研部门提高技术创新能力、加快产品开发速度、促进自身快速发展的关键技术。

　　AutoCAD 2013 拥有强大的二维和三维绘图功能，用于创建、浏览、管理、打印、输出、共享及设计图形。用户使用灵活的图形编辑修改功能与强大的文件管理系统，可以更为轻松、便捷、精确地绘图。

2. 计算机辅助设计常用软件

　　AutoCAD 是美国 Autodesk 公司研究开发的一种通用计算机辅助设计软件包，Autodesk 公司在 1982 年推出了 AutoCAD 的第一个版本 V1.0，随后相继开发出多个版本，典型版本有 R14、AutoCAD 2000、AutoCAD 2002、AutoCAD 2004 等，目前 AutoCAD 2013 为最新版。AutoCAD 的功能日益强大与完善，乃当今世界上最为流行的计算机辅助设计软件之一。其他常用软件有 Photoshop、CorelDRAW、Pro/Engineer、SolidWorks、CAXA 电子图板、开目 CAD、PICAD、高华 CAD、清华 XTMCAD、天正建筑工程软件、鸿叶路桥软件等。

1.2　AutoCAD 2013 的启动和退出

1.2.1　启动 AutoCAD 2013

1. 通过快捷方式启动 AutoCAD 2013

　　正确安装 AutoCAD 2013 软件后，程序会在 Windows 桌面上自动建立 AutoCAD 的快捷方式图标，如图 1-1 所示。用鼠标左键双击该图标，或右击，在弹出的快捷菜单中选择【打开】命令，即可启动 AutoCAD 2013。

图 1-1　快捷图标

2. 通过【开始】菜单启动 AutoCAD 2013

选择 Windows 桌面左下角的【开始】→【程序】→Autodesk→AutoCAD 2013-Simplified Chinese→AutoCAD 2013 命令。

1.2.2 退出 AutoCAD 2013

退出 AutoCAD 2013 的方法有以下 4 种。

方法一：单击 AutoCAD 2013 工作窗口右上角的【关闭】按钮✕。

方法二：在命令行中输入"exit"或"quit"命令，然后按 Enter 键。

方法三：单击【菜单浏览器】按钮▲，在弹出的下拉菜单中选择【退出 AutoCAD】选项。

方法四：按 Ctrl+Q 或 Alt+F4 组合键。

🔔 提示：如果在退出 AutoCAD 2013 前没有保存当前绘图文件，系统会弹出一个如图 1-2 所示的提示对话框，提示用户保存或放弃对当前图形进行的修改，或者取消退出操作。

图 1-2　提示对话框

1.3　AutoCAD 2013 工作空间及经典工作界面

1.3.1　AutoCAD 2013 工作空间

工作空间是经过分组和组织的菜单、工具栏、选项板和功能区控制面板的集合，使用户可以在自定义的、面向任务的绘图环境中工作。AutoCAD 2013 定义了 4 个基于任务的工作空间（又称为工作界面）：AutoCAD 经典、草图与注释、三维建模和三维基础，如图 1-3～图 1-6 所示。下面分别对其进行介绍。

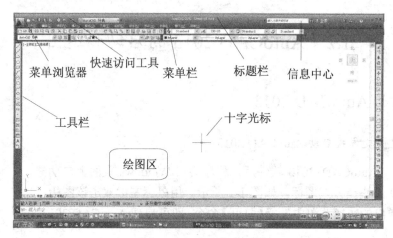

图 1-3　经典工作界面

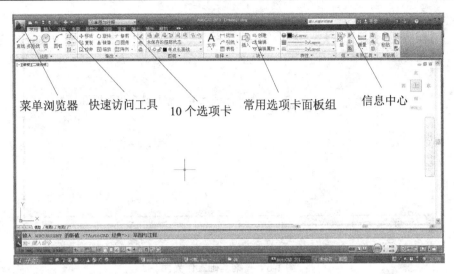

图 1-4　草图与注释工作界面

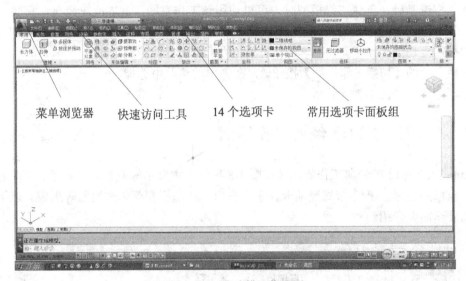

图 1-5　三维建模工作界面

◆ **AutoCAD 经典**：对于习惯于 AutoCAD 传统工作界面的用户，可以使用该工作空间创建二维图形，以保持工作界面与旧版本的一致，满足老用户的习惯。

◆ **草图与注释**：创建二维图形时，可以使用该工作空间，系统只会显示与二维图形任务相关的功能区，功能区由多个选项卡和面板组成，每个选项卡包含一组面板。面板提供了与当前工作空间相关操作的单个界面元素，使用户无须显示多个工具栏，从而使窗口更加整洁，可用的工作区域最大化。如图 1-4 所示的草图与注释工作空间包括了【常用】、【插入】等 10 个选项卡。

◆ **三维建模**：创建三维模型时，可使用该工作空间。其界面特点与草图与注释界面相似，但功能区只有与三维建模相关的按钮，包含 14 个选项卡，与绘制二维图相关的按钮为隐藏状态。

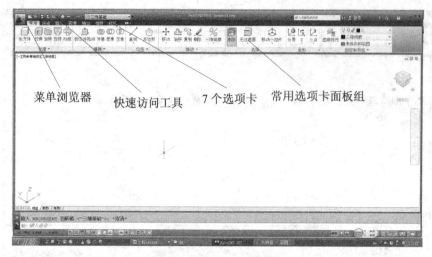

图 1-6 三维基础工作界面

◆ 三维基础：创建三维模型时，可以使用该工作空间。其界面更经典，只显示 7 个常用的与三维建模相关的选项卡。

如果需要切换工作空间，可单击状态栏（位于绘图界面的最下面一栏）上的【切换工作空间】按钮，在弹出的菜单中选择相应选项即可，如图 1-7 所示。

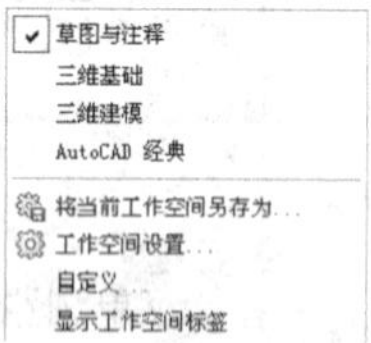

1.3.2 AutoCAD 2013 经典工作界面

图 1-7 切换工作空间菜单

AutoCAD 2013 的经典工作界面（如图 1-8 所示）主要由标题栏、菜单栏、工具栏、绘图区、坐标系图标、模型/布局选项卡、命令窗口、状态栏和菜单浏览器等组成。以下对其组成部分作简要介绍。

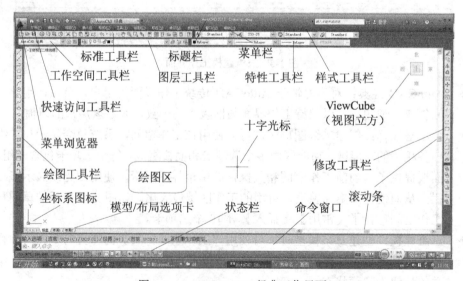

图 1-8 AutoCAD 2013 经典工作界面

1. 标题栏

标题栏位于工作界面最上方，显示了 AutoCAD 的程序图标以及当前操作图形的文件名。位于标题栏右上角的 ━ □ × 按钮可进行 AutoCAD 窗口的最小化、最大化和关闭操作。

2. 菜单栏

菜单栏位于标题栏下方，有 12 个主菜单，即【文件】、【编辑】、【视图】、【插入】、【格式】、【工具】、【绘图】、【标注】、【修改】、【参数】、【窗口】和【帮助】。这些菜单包含了 AutoCAD 2013 的所有命令，单击菜单栏中的某一项，可以打开相应的下拉菜单。如图 1-9 所示为 AutoCAD 2013 的【修改】下拉菜单。

图 1-9　【修改】下拉菜单及其子菜单

下拉菜单具有以下特点：

（1）不带任何内容符号的菜单项，选择该项可直接执行或启动该命令。

（2）右侧有"▶"符号的菜单项，表明该菜单项后面有子菜单，如图 1-9 所示。

（3）右侧有"…"符号的菜单项，表明选择该项后系统将弹出相应的对话框。例如，选择【绘图】→【表格】命令，将显示出如图 1-10 所示的【插入表格】对话框。

（4）菜单项呈灰色，表明该命令在当前状态下不可用。

（5）菜单项后面标有快捷键（菜单项后面括号中的大写字母），表明按下该快捷键也可以执行菜单命令。

（6）选择主菜单有两种方法：一是用鼠标左击菜单项；二是用键盘输入快捷键。

（7）AutoCAD 提供了快捷菜单，单击鼠标右键可打开快捷菜单。快捷菜单因当前的操作不同或光标所处的位置不同而变化。图 1-11 是当光标位于绘图窗口时，单击鼠标右键弹出的快捷菜单（读者得到的快捷菜单可能与此图显示的菜单不一样，因为快捷菜单中位于前面两行的菜单内容与前面的操作有关）。

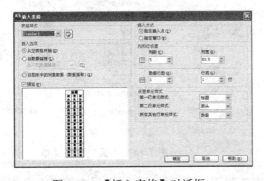

图 1-10　【插入表格】对话框

图 1-11　快捷菜单

3. 工具栏

工具栏是执行 AutoCAD 命令的一种快捷方式，AutoCAD 2013 提供了 50 多个工具栏，工具栏上的每一个图标都形象地表示一个命令，用户只需将鼠标指针移到某个图标上（稍做停留，AutoCAD 会弹出文字提示标签），单击鼠标左键即可执行该命令。如图 1-12（a）所示是绘图工具栏以及与【矩形】按钮对应的工具提示。将鼠标指针移到工具栏按钮上，待显示出工具提示后再停留一段时间（约 2s），将显示出扩展的工具提示，如图 1-12（b）所示。

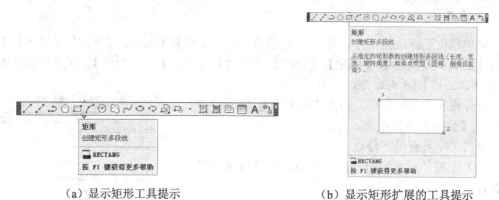

（a）显示矩形工具提示　　　　　　　　　　（b）显示矩形扩展的工具提示

图 1-12　显示工具提示和扩展的工具提示

单击工具栏中右下角的 ▾ 按钮，可引出一个包含相关命令的工具栏。将鼠标指针移到类似的按钮上，单击并按住鼠标左键，将显示出工具栏。例如，单击标准工具栏上的【窗口缩放】按钮 可引出如图 1-13 所示的工具栏。

🔔 **提示**：用户可以根据需要打开或关闭相应的工具栏，在任意工具栏上单击鼠标右键，系统弹出列有工具栏目录的快捷菜单，如图 1-14 所示（为节省图幅，将此工具栏分为 3 列显示），用户在需要显示的工具栏前单击鼠标左键，即可打开或关闭某一工具栏。在快捷菜单中，前面有"√"号的菜单项表示已打开了对应的工具栏。

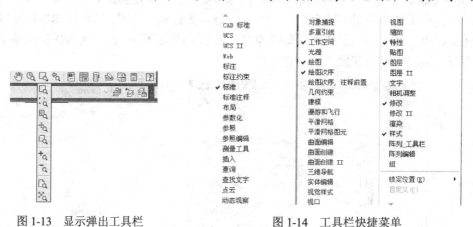

图 1-13　显示弹出工具栏　　　　　　　　　图 1-14　工具栏快捷菜单

AutoCAD 的工具栏采用浮动的方式放置，也就是说，可以根据需要将它放置在窗口的任意位置。由于计算机绘图的绘图区域有限，所以绘图时应根据需要只打开当前使用或常用的工具栏（如标注尺寸时打开标注工具栏），并将其拖至绘图窗口的适当位置即可。

工具栏的可移动性无疑给设计工作带来了方便，但通常也因操作失误，而将工具栏拖离原来位置，为此 AutoCAD 专门提供了锁定工具栏功能。锁定方法有如下两种。

方法一：在任意工具栏上右击，在弹出的快捷菜单中选择【锁定位置】→【全部】→【锁定】命令，如图 1-15 所示。

方法二：单击位于工作界面右下角的  按钮，从弹出的菜单中选择【全部】→【锁定】命令。

图 1-8 显示了 AutoCAD 默认情况下打开的一些工具栏。其中快速访问工具栏用于放置那些需要经常使用的命令按钮，默认有【新建】按钮、【打开】按钮、【保存】按钮和【打印】按钮等。

图 1-15　通过按钮锁定工具栏

4. 坐标系图标

坐标系图标位于绘图区的左下角，用于展示当前绘图所使用的坐标系形式以及坐标方向等。AutoCAD 提供了世界坐标系（World Coordinate System，WCS）和用户坐标系（User Coordinate System，UCS）。世界坐标系为默认坐标系，默认水平向右方向为 X 轴正方向，垂直向上方向为 Y 轴正方向。

🔔 **提示**：用户可根据需要打开或关闭坐标系图标，只需选择【视图】→【显示】→UCS →【开】命令即可。【开】前有"√"号表明显示坐标系图标，反之关闭图标。

5. 绘图区

绘图区是指工作界面中大片（无限大）的空白区域，是用户绘制图形的地方，在绘图区中有一个十字线，其交点反映了光标在当前坐标系中的位置，AutoCAD 将该十字线称为光标。AutoCAD 通过光标显示当前点的位置，十字线的方向与当前用户坐标系的 X 轴、Y 轴方向平行。

6. 模型/布局选项卡

模型/布局选项卡用于实现模型空间与图纸空间的切换。

7. 命令窗口

命令窗口位于屏幕下方，由历史命令窗口与命令行两部分组成，如图 1-16 所示。AutoCAD 通过命令窗口反馈各种信息，包括出错信息，用户应密切关注命令行中出现的信息，按提示进行相应的操作。

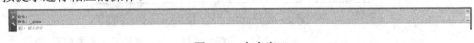

图 1-16　命令窗口

在命令窗口中间有一水平分界线，上方为历史记录，含有 AutoCAD 启动后所有信息中的最新信息，用户可以通过窗口右侧的滚动条查看历史记录。分界线下方则是当前命令输入行，输入某个命令后，命令行显示各种提示信息。

此外，命令窗口的大小可自定义，只要将鼠标移至该窗口的边框线上，按住左键不放并上下拖动，即可调整窗口的大小。

如果想快速查看所有命令记录，可按 F2 键打开 AutoCAD 文本窗口，此处罗列了软件启动后执行过的所有命令记录，如图 1-17 所示。在该窗口中用户可详细了解命令的执行情况，再按 F2 键可切换回命令行提示状态。另外，由于该窗口完全独立于 AutoCAD 程序，用户可以对其进行最大化、最小化、关闭及复制等操作。

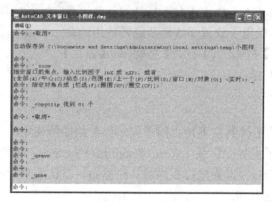

图 1-17　AutoCAD 文本窗口（查看命令记录）

🔔 提示：按 Ctrl+9 组合键，可以快速实现隐藏或显示命令窗口的切换。

8. 状态栏

状态栏位于界面的最底端，其左边显示了光标在绘图区中的 X、Y、Z 轴的坐标值，从而使用户随时了解当前光标在绘图区中的位置。右侧显示软件的各种状态模式，其外观如图 1-18 所示（为节省图幅，将状态栏分 2 行显示）。

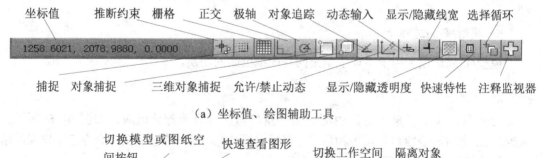

（a）坐标值、绘图辅助工具

（b）快速查看、注释工具、工作空间工具

图 1-18　状态栏

AutoCAD 2013 增加了状态栏的功能，包含更多控制按钮。单击某一按钮可实现启用或关闭对应功能的切换，按钮为蓝色时表示启用对应的功能，灰色则表示关闭该功能。

💭 提示：将鼠标放到某一下拉菜单项时，AutoCAD 会在状态栏上显示出与菜单项对应的功能说明。

　　状态栏从左至右依次分为以下几个部分。

　　（1）坐标值显示区：坐标显示区位于状态栏的最左侧，以逗号划分出 3 个数值，从左到右依序为 X、Y、Z 轴的坐标值。当光标移动时，其值会自动更新。

　　（2）绘图辅助工具：主要用于控制绘图性能（参考第 2 章相关内容），如图 1-18（a）所示。

　　（3）模型/布局切换按钮：通过该按钮可在模型空间和布局空间之间切换。

　　（4）快速查看布局/图形按钮：可以快速预览被打开的图形，观看打开图形的布局与模型空间，以及切换图形，使之以缩略图形式显示在应用程序窗口的底部。

　　（5）注释工具：控制图形中的注释性对象。

　　（6）【切换工作空间】按钮：切换工作空间。

　　（7）【工具栏锁定】按钮：锁定工具栏。

　　（8）【全屏显示】按钮：单击此按钮即可隐藏全部工具栏，仅显示菜单栏和绘图窗口，其结果与按 Ctrl+O 组合键相同。

　　9. 菜单浏览器

　　AutoCAD 2013 提供菜单浏览器，其位置如图 1-8 所示。单击【菜单浏览器】按钮，AutoCAD 会将浏览器展开，如图 1-19 所示，可利用其执行 AutoCAD 的相应命令。

　　10. ViewCube

　　此乃用户在二维模型空间或三维视觉样式中处理图形时显示的导航工具。用户可通过 ViewCube 在标准视图和等轴测视图间切换。AutoCAD 2013 默认打开 ViewCube，用户可通过菜单栏的【视图】→【显示】→ViewCube→【开/设置】命令进行相关设置。对于二维绘图而言，此功能的作用不大。

　　11. 选项板

　　选项板是一种可以在绘图区域中固定或浮动的界面元素。AutoCAD 2013 的选项板包括【命令行】、【工具选项板】、【特性】和【设计中心】等 15 种选项板。用户可以通过选择【工具】→【选项板】命令来显示，如图 1-20 所示。

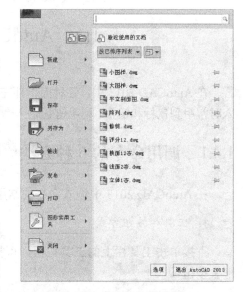

图 1-19　菜单浏览器

　　工具选项板是选项板中的一种，提供了一种用来组织、共享和放置块、图案填充及其他工具的有效方法，甚至可以包含由第三方开发人员提供的自定义工具。用户无须显示多个工具栏，工具选项板可将一系列的工具集成于控制台中，每个控制台包含着相关的工具与控件，类似于工具栏中的工具按钮和对话框中的相关控件，从而使操作界面更加简洁。在进行三维建模时，建议把操作界面最大化，以便得到最大的设计空间。图 1-21（a）为工具选项板，图 1-21（b）为【特性】选项板。

🔔 **提示**：用户进入 AutoCAD 经典或三维建模工作空间时，工具选项板会自动显示。

图 1-20　显示选项板

（a）工具选项板

（b）【特性】选项板

图 1-21　选项板

1.4　AutoCAD 命令调用方式

在 AutoCAD 2013 中，各种操作都需要执行命令，命令是绘图的核心，AutoCAD 命令输入时常用到鼠标和键盘。利用键盘输入命令和参数，利用鼠标单击菜单或工具栏对应的命令。

1.4.1　调用命令的 6 种方法

在 AutoCAD 2013 中输入命令的常用方式有以下 6 种。

1. 工具栏按钮方式

直接单击工具栏上的工具按钮，可执行相应的命令。例如，单击绘图工具栏上的【矩形】按钮▢。

2. 菜单命令方式

在下拉菜单中依次单击菜单中的选项，可执行相应的命令。例如，选择【绘图】→【矩形】命令。

3．功能区中选择相应命令方式

在草图与注释工作空间中，可通过功能区按钮执行命令。例如，单击【常用】选项卡下【绘图】面板中的【矩形】按钮□。

4．命令行输入命令方式

在 AutoCAD 中，若需使用键盘输入命令，只需在命令行中输入完整的命令名或命令别名（命令的缩写，参考附录 A），按 Enter 键或空格键即可。例如，执行画圆命令，除了通过输入"circle"启动该命令外，还可通过输入"C"启动命令。

🔔 **提示**：在命令行输入命令时，命令不区分大小写，如直线命令 line、LINE、Line 的执行效果是一样的。

5．右键快捷菜单方式

单击鼠标右键，光标处将弹出快捷菜单，用户可从中选择需要执行的菜单命令。右键快捷菜单的内容取决于光标的位置或系统状态，如在选择对象后单击鼠标右键，快捷菜单将显示常用的编辑命令；在执行命令过程中单击鼠标右键，快捷菜单将给出该命令的相关选项。

6．重复命令输入方式

有时需连续执行相同命令或重复执行最近使用过的命令，AutoCAD 提供了多种方法。例如：

（1）重复执行上一个命令，可按 Enter 键或空格键，亦或在绘图区域中单击鼠标右键，在弹出的快捷菜单中选择【重复】命令。

（2）重复执行最近使用过的 6 个命令中的任意一个，可在命令窗口或文本窗口中单击鼠标右键，在弹出的快捷菜单中选择【近期使用的命令】里的对应命令。

1.4.2　命令的结束

在 AutoCAD 绘图过程中，执行的命令有些可自动结束，有些需强行结束。命令强行结束的方法有以下 4 种。

方法一：直接按 Enter 键或空格键结束。

方法二：右击，在弹出的快捷菜单中选择【确定】命令。

方法三：按键盘左上角的 Esc 键。

方法四：执行另一个新的命令，可结束当前命令的操作。

1.4.3　命令的取消及恢复

在 AutoCAD 2013 绘图过程中，若当结束一个命令操作时，发现先前命令操作错误，想取消这个命令，可使用【放弃】命令。方法为：单击标准工具栏上的【放弃】按钮↺，或选择【编辑】→【放弃】命令。反复执行【放弃】命令，可取消前面几个连续的命令操作。

如果在命令执行过程中（命令没有结束）发现命令的上一步操作有误，则在右击弹出的快捷菜单中选择【放弃】命令，取消本命令的上一步操作后可继续执行命令。

当取消一个或多个操作后，若需要恢复这些操作，即将图形恢复到原来的效果，可使用【重做】命令。方法为：单击标准工具栏上的【重做】按钮 ，或选择【编辑】→【重做】命令。反复执行【重做】命令，即可重做多个已取消的命令操作。

1.4.4 使用透明命令

透明命令是指在执行当前命令时还可再使用另一个命令。AutoCAD 中许多命令可以透明使用，例如栅格（grid）、缩放（zoom）、捕捉、正交等命令皆可看作透明命令。

使用透明命令时，在命令行的任意状态下输入透明命令或单击透明命令图标，此时命令行随即显示该命令的系统变量选项，在该提示下输入所需的值即可，完成后立即恢复执行原命令。

1.5 AutoCAD 2013 新增功能——参数化绘图

利用参数化绘图改变图形的尺寸参数后，图形会自动发生相应的变化。

1.5.1 几何约束

几何约束用来定义图形元素和确定图形元素之间的关系，包括水平、竖直、垂直、平行、相切、平滑、重合、同心、共线、对称、相等、固定类型，如图 1-22 和图 1-23 所示分别为用于建立几何约束的工具栏按钮和菜单，利用对应的按钮或菜单命令可以直接启动对应的约束。

图 1-22　用于几何约束的工具栏按钮　　　　图 1-23　几何约束菜单

各种几何约束的含义如下。

（1）水平：将指定的直线对象约束成与当前坐标系的 X 轴平行（二维绘图一般就是

水平）。

（2）竖直：将指定的直线对象约束成与当前坐标系的 Y 轴平行（二维绘图一般就是垂直）。

（3）垂直：将指定的一条直线约束成与另一条直线保持垂直关系。

（4）平行：将指定的一条直线约束成与另一条直线保持平行关系。

（5）相切：将指定的一个对象与另一个对象约束成相切关系。

（6）平滑：在共享同一端点的两条样条曲线之间建立平滑约束。

（7）重合：使两个点或一个对象与一个点之间保持重合。

（8）同心：使一个圆、圆弧或椭圆与另一个圆、圆弧或椭圆保持同心。

（9）共线：使一条或多条直线段与另一条直线段保持共线，即位于同一直线上。

（10）对称：约束直线段或圆弧上的两个点，使其以选定的直线为对称轴彼此对称。

（11）相等：使选择的圆弧或圆有相同的半径，或使选择的直线段有相同的长度。

（12）固定：约束一个点或曲线，使其相当于坐标系固定在特定的位置和方向。

🔔 提示：（1）在进行几何约束时，先选择基准约束对象，再选择需要被约束的对象。
（2）可以取消几何约束，方法为：在约束图标上右击，在弹出的快捷菜单中选择【删除】命令即可。（3）当在对象之间建立约束关系后，调整一对象的位置，有约束关系的其他对象也会调整位置，以保持它们之间的约束关系。

1.5.2　标注约束

标注约束可控制二维对象的大小、角度及两点之间的距离，改变尺寸约束将驱动对象发生相应的变化。尺寸约束包括对齐约束、水平约束、竖直约束、半径约束、直径约束及角度约束等类型。如图 1-24 和图 1-25 所示分别为用于建立标注约束的工具栏按钮和菜单，与几何约束相似，利用对应按钮或菜单命令可直接启动对应的约束。

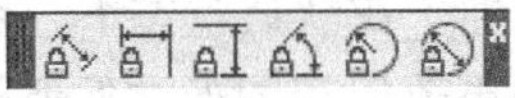

图 1-24　用于标注约束的工具栏按钮 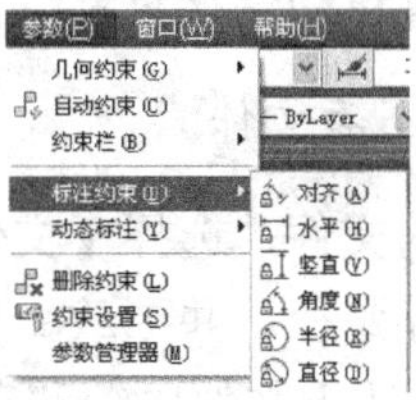　　　　图 1-25　标注约束菜单

各种标注约束的含义如下。

（1）水平：约束两点之间的水平距离。

（2）竖直：约束两点之间的竖直距离。

（3）对齐：约束两点之间的距离。

（4）半径：约束圆或圆弧的半径。

（5）直径：约束圆或圆弧的直径。

（6）角度：约束直线之间的角度或圆弧的包含角。

1.6　AutoCAD 2013 文件操作

1.6.1　创建图形文件

新建 AutoCAD 图形文件的方式有两种：第一种是软件启动后自动新建一个名称为 Drawing1.dwg 的默认文件；第二种是启动软件后使用样板重新创建一个图形文件。

AutoCAD 根据常用的绘图模式提供了大量可以套用的样板，这些样板存储了图形的所有设置，有些甚至包含已定义好的图层、标注样式和视图等。样板图形文件扩展名为.dwt，以区别于其他的图形文件，软件提供的样板文件通常保存于安装路径的 Template 目录下。

使用样板创建图形文件的步骤如下：打开【创建新图形】对话框，单击【使用样板】按钮，弹出【选择样板】对话框，在列表中选择一种合适的样板文件（默认为 acadiso.dwt，该样板默认单位为 mm），在右侧区域中可以预览其外观，如图 1-26 所示。

图 1-26　样板列表

1.6.2　保存图形文件

在绘制图形的过程中，应养成经常保存的好习惯，避免因出现电源故障或发生其他意外事件而造成数据丢失。用户可以选择一般保存、另存或设置自动保存对象。

1．保存与另存文件

对新创建的文件，选择【文件】→【保存】命令，即可打开【图形另存为】对话框。用户可选择保存路径，并更改文件的名称与类型等属性。在默认状态下，图形文件扩展名为.dwg（此格式适于文件压缩和在网络上使用）。除非更改保存图形文件所使用的默认文件类型，否则将使用最新的图形文件类型（即在 AutoCAD 2013 系统中保存的文件类型默认为 AutoCAD 2013 图形）保存图形。

保存文件的步骤如下：

（1）按 Ctrl+S 组合键或单击标准工具栏上的【保存】按钮，打开【图形另存为】对话框。

（2）在该对话框中设置保存位置、文件名与文件类型，并单击 保存(S) 按钮，图形文件即会保存到相应的文件夹中，如图 1-27 所示。

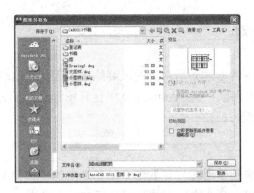

图 1-27　保存文件

🔔 **提示**：dwg 文件名称最多可包含 256 个字符。

　　如果当前的图形已被保存，选择【文件】→【保存】命令后将不会再出现【图形另存为】对话框，只会自动以增量方式保存该图形的相关编辑处理，新的修改将被添加到保存的文件中，并在相同的保存位置上生成一个扩展名为.bak 的同名文件。

　　如果要将目前图形保存为一个不影响原图的新图形，可选择【文件】→【另存为】命令或者按 Shift+Ctrl+S 组合键，打开【图形另存为】对话框，用一个新名称或者新路径另存该文件即可。

2. 自动保存文件

　　如果室内电压不稳定，常有跳闸断电的危险，用户又无经常保存文件的习惯，可使用AutoCAD 提供的自动保存功能。该功能可根据用户设置的时间间隔自动保存当前处理的文件。

　　自动保存文件的步骤如下：

　　（1）选择【工具】→【选项】命令，弹出【选项】对话框，然后切换到【打开和保存】选项卡。

　　（2）在【文件安全措施】选项组中选中【自动保存】复选框，并设置【保存间隔分钟数】为 10，表示文件每隔 10 分钟即会自动保存一次，最后单击 确定 按钮完成自动保存设置，如图 1-28 所示。

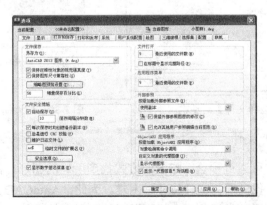

图 1-28　设置文件自动保存

1.6.3　打开现有文件

有些图形经过多次编辑方达到所需要的最终结果，因此再次修改保存后的图形时，需先将旧图形文件打开至绘图区中。在 AutoCAD 中打开图形文件的方式主要包括一般打开方法与局部打开图形两种形式。

1.　一般打开方法

一般打开图形的方法是使用【打开】命令，在弹出的【选择文件】对话框中通过预览效果，选择所需的单个或者多个文件，并将其打开到绘图区中。

打开图形文件的具体步骤如下：

（1）选择【文件】→【打开】命令或者单击快速访问工具栏上的【打开】按钮，弹出【选择文件】对话框，如图 1-29 所示。

（2）指定【查找范围】位置，然后在文件列表中选择所需的图形文件，并单击 打开(0) 按钮，即可将选取的文件打开。

💭 提示：AutoCAD 2013 能够记忆 9 个最近编辑并保存过的图形文件，如果要快速打开刚刚保存的图形，可打开菜单浏览器，选择【最近使用的文档】命令，或从【文件】下拉菜单中打开，如图 1-30 所示。

图 1-29　【选择文件】对话框

图 1-30　最近编辑并保存过的图形文件

2.　以查找方式打开文件

打开图形文件时，可通过预览缩略图的方式找到所需的图形，但当文件夹中的图形过多，且文件名相似时，找到所需文件将非常困难。为此，AutoCAD 2013 提供了查找功能，以便用户能够快速地根据所掌握的信息打开需要的图形文件。

以查找方式打开文件的步骤如下：

（1）选择【文件】→【打开】命令，弹出【选择文件】对话框。

（2）在该对话框右上角处单击 工具(L) ▾ 按钮，在打开的菜单中选择【查找】命令，弹出
【查找：】对话框，如图 1-31 所示。

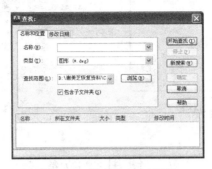

图 1-31　　【查找：】对话框

（3）在【名称和位置】选项卡中设置名称（支持通配符）、类型与查找范围等属性，然
后单击 开始查找(I) 按钮，即可根据设置的内容搜索文件。

🔔 提示：【类型】选项是指文件的格式，其中包括 "图形（*.dwg）"、"标准（*.dws）"、"DXF
（*.dxf）" 与 "图形样板（*.dwt）" 4 种类型。

3. 局部打开图形

如果要打开较大图形，不仅花费资源，且需重新调整视图比例，此时可通过局部打开
的方式仅打开所需区域，以便提高性能。用户可只打开某视图、图层或者图形对象，其作
用是减少对内存的需求、节省加载时间，利用窗口或图层指明需要加载的部分。

加载局部图形时，只能编辑被加载部分的图形特性，如想编辑其他特性，可再次使用
【局部打开】命令，将所需特性的部分打开。

🔔 提示：【局部打开】命令只适用于通过 AutoCAD 2000 或更高版本软件保存的图形。

局部打开图形的步骤与以查找方式打开文件相似：

（1）选择【文件】→【打开】命令，弹出【选择文件】对话框，单击 查看(V) ▾ 按钮并
选择【缩略图】命令，以缩略图的方式显示文件夹中的图形，然后选择所需的文件。

（2）单击 打开(O) ▾ 按钮旁边的 ▾ 按钮，从打开的菜单中选择【局部打开】命令，并选择
有关选项即可。

1.6.4　输出文件

输出图形文件可将 AutoCAD 文件转换为其他格式文件进行保存，以便在其他软件中使
用。方法为：选择【文件】→【输出】命令，打开【输出数据】对话框，如图 1-32 所示；
选择输出路径和输出类型，如图 1-33 所示，然后单击【保存】按钮即可。

图 1-32 【输出数据】对话框   图 1-33 选择输出类型

1.7 使用帮助系统

帮助系统提供了相关功能的完整信息，对于初学者来说，掌握帮助系统的使用方法将受益匪浅。

在 AutoCAD 2013 中，用户可通过以下 4 种方法打开程序提供的中文帮助系统。

方法一：在菜单栏中选择【帮助】→【帮助】命令。

方法二：按键盘上的 F1 键。

方法三：单击标准工具栏右侧的【帮助】按钮 。

方法四：在命令行中输入"help"命令，然后按 Enter 键。

AutoCAD 2013 大大加强了即时帮助系统。使用菜单或按钮执行命令时，只需将鼠标在菜单项或工具按钮上悬停 3 秒，界面将显示该命令的即时帮助，如图 1-34 所示。同样，设置对话框的选项时，只需将鼠标在所设置选项处悬停 3 秒，界面即显示即时帮助，如图 1-35 所示。

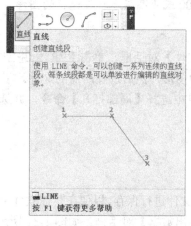

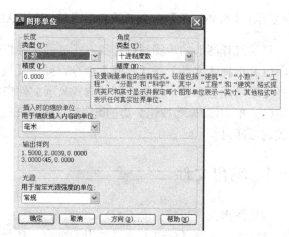

图 1-34 命令按钮的即时帮助   图 1-35 对话框的即时帮助

1.8　上机练习

1. 打开 AutoCAD 2013，找到标题栏、菜单栏、状态栏、绘图区和工具栏等。
2. 如何隐藏和显示绘图、修改工具栏？
3. 找到窗口右下方的锁定图标，锁定所有的浮动工具栏。
4. AutoCAD 2013 执行命令的方式有哪几种？什么是透明命令？
5. 通过【选项】对话框将背景颜色设置为白色。

第 2 章　绘图前的准备

利用 AutoCAD 进行绘图前，需要做一些必要的准备工作。设置 AutoCAD 的绘图环境是这其中一项重要的工作。创建一个良好的符合个人习惯的绘图环境，有利于形成统一的设计标准和工作流程，提高绘图效率。

2.1　坐　标　系

2.1.1　世界坐标系和用户坐标系

AutoCAD 的图形定位，主要是由坐标系统来确定。使用 AutoCAD 的坐标系，首先要了解 AutoCAD 坐标系的概念和坐标的输入方法。

1. 世界坐标系统

世界坐标系统（World Coordinate System，WCS）由 3 个互相垂直并相交的 X、Y、Z 坐标轴组成。在绘制和编辑图形的过程中，它的坐标原点和坐标轴方向是不变的。如图 2-1 所示，在默认情况下，世界坐标系统的 X 轴正方向水平向右，Y 轴正方向垂直向上，Z 轴正方向垂直屏幕指向用户。坐标原点在绘图区的左下角，在其上有一个方框标记，表明是世界坐标系统。

2. 用户坐标系统

世界坐标系是固定的，其应用范围有一定的局限性，仅能在其 XY 坐标平面内绘图。如果需要在其他坐标平面内绘图，就必须自定义坐标系。AutoCAD 将自定义的坐标系称为用户坐标系（User Coordinate System，UCS），如图 2-2 所示，此坐标系与世界坐标系不同，可以移动和旋转此坐标系，可以随意更改此坐标系的原点，也可以设定任何方向作为其 X、Y、Z 的正方向，其应用范围更广。

图 2-1　世界坐标系统　　　　图 2-2　用户坐标系统

2.1.2　直角坐标

直角坐标又称为笛卡尔坐标，由一个原点（坐标为（0,0））和两条相互垂直的直线（X

轴和 Y 轴）构成。其中，X 轴表示水平方向，以右方向为其正方向；Y 轴表示竖直方向，以上方向为其正方向。使用直角坐标表示点的位置时，可使用绝对直角坐标或相对直角坐标输入方法表示。

1．绝对直角坐标

绝对直角坐标是以坐标系原点（0,0）作为参考点，以定位其他点，其表达式为（X,Y）。如图 2-3 所示点 A 坐标（200,150），表明点 A 位于距离原点 X 轴正方向 200 个单位，距离原点 Y 轴正方向 150 个单位处。

2．相对直角坐标

相对直角坐标是以任意点作为参考点来定位其他点。在实际绘图过程中，经常使用上一点作为参考点，其表达式为（@X, Y）。如图 2-3 所示的点 B 坐标（@300, -100），表明点 B 位于距离 A 点 X 轴正方向 300 个单位，距离 A 点 Y 轴负方向 100 个单位处。

2.1.3　极坐标

AutoCAD 的极坐标和数学中的极坐标一样，用距离和角度来确定点的位置。使用极坐标表示点的位置时，可使用绝对极坐标或相对极坐标输入方法表示。

1．绝对极坐标

绝对极坐标表示法是指距原点实际长度与 X 轴正方向的夹角。表达方式为：（长度<角度）。例如，图 2-4 所示的点 A 坐标（300<45），表示该点距离原点长度为 300 个单位，与 X 轴正方向夹角为 45°。

2．相对极坐标

相对极坐标表示法是指距上一个点的实际长度与 X 轴水平正方向的夹角。表达方式为：（@长度<角度）。与上面类似，即在长度坐标值前加上符号@。例如，图 2-4 所示的 B 点距离当前 A 点的长度为 200 个单位，与 X 轴正方向夹角为-30°，则 B 点坐标表示为（@200<-30）。

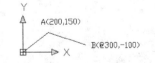

图 2-3　绝对（相对）直角坐标表示法

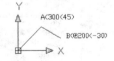

图 2-4　绝对（相对）极坐标表示法

2.2　绘图环境设置

工作环境是设计者与 AutoCAD 系统的交流平台，启动 AutoCAD 后，用户就可以在其默认的绘图环境中绘图。但是，为了保证图形文件的规范性、图形的准确性与绘图的效率，有时需要在绘图前对绘图环境和系统参数进行相应的设置。

2.2.1　系统选项设置

选择【工具】→【选项】命令，弹出如图 2-5 所示的【选项】对话框。该对话框有【文件】、【显示】、【打开和保存】、【打印和发布】、【系统】、【用户系统配置】、【绘图】、【三维建模】、【选择集】、【配置】和【联机】第 11 个选项卡。每一个选项卡都有许多可设置的参数项，大部分选项卡的参数采用默认设置，少部分选项卡的参数需重新设置，以下对其作简要介绍。

若要改变绘图区域的背景颜色，选择【显示】选项卡（如图 2-5 所示），然后单击【颜色】按钮，在弹出的对话框中选择相应的背景和颜色，如图 2-6 所示。

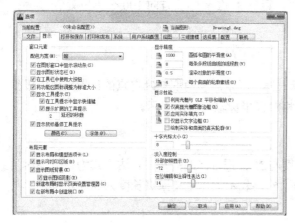

图 2-5　【选项】对话框　　　　　图 2-6　【图形窗口颜色】对话框

若要改变自动保存的时间、文件保存的类型及给文件加密，则选择【打开和保存】选项卡，选择相应的参数，如图 2-7 所示。

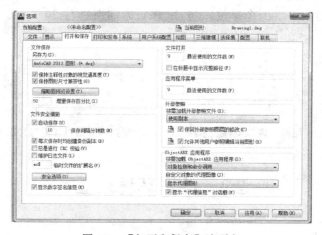

图 2-7　【打开和保存】选项卡

若要改变自动捕捉的设置，则选择【绘图】选项卡，调整相应的参数，如图 2-8 所示。

若要改变编辑选择夹点的设置，则选择【选择集】选项卡，调整相应的参数，如图 2-9 所示。

图 2-8　【绘图】选项卡　　　　　　　图 2-9　【选择集】选项卡

2.2.2　图形单位设置

在 AutoCAD 中，绘图是以图形单位来计算图形尺寸的。例如图形单位是米（m），绘图的一个单位就是 1m；若图形单位是厘米（cm），绘图的一个单位就是 1cm，所以绘图前要进行图形单位的设置。

图形单位设置的方法是：选择【格式】→【单位】命令，或在命令行中输入"units"，按 Enter 键，都将弹出【图形单位】对话框，如图 2-10 所示。

在该对话框中，可对长度和角度的单位及相对应的精确度进行设置，各选项的含义如下。

（1）【长度】选项组：在【类型】下拉列表框中提供了 5 种长度单位类型，即分数、工程、建筑、科学和小数，默认类型为"小数"；在【精度】下拉列表框中可选择所需的长度精度。

（2）【角度】选项组：【类型】下拉列表框中提供了 5 种角度类型，即百分度、度/分/秒、弧度、勘测单位和十进制度数，默认类型为"十进制度数"；在【精度】下拉列表框中可选择所需的角度精度。

图 2-10　【图形单位】对话框

（3）【顺时针】复选框：默认逆时针为角度测量的正方向。若选中该复选框，则表示顺时针方向为角度正方向。

（4）【用于缩放插入内容的单位】下拉列表框：系统在此下拉列表框中提供了 20 多种图形单位选项，如英寸、英尺、米、毫米等。默认图形单位为"毫米"。

2.2.3　图形范围设置

在 AutoCAD 中，绘图区域可以看作一个无限大的空间，可以绘制任意大小的图形。实际绘图中，一般采用 1:1 绘图，为了更好地展现物体的形状大小，应根据物体的实际尺寸来设置绘图区域，即图形范围。

图形范围设置的方法是：选择【格式】→【图形界限】命令，或在命令行中输入"limits"，按 Enter 键；然后依命令行的提示输入左下角和右上角的坐标，左下角坐标一般为（0,0），右上角的坐标要根据图幅而定。

【例 2-1】绘制一张 A3 图幅（420mm×297mm），使用上述方法来设置一个图形范围。

选择【格式】→【图形界限】命令，或在命令行中输入"limits"命令。

用命令行设置图形范围的操作步骤如下：

```
命令: limits
重新设置模型空间界限:
指定左下角点或 [开(ON)/关(OFF)] <50,50>:          //输入"0,0"并按 Enter 键
指定右上角点 <200,200>:                          //输入"420,297"并按 Enter 键
```

在 AutoCAD 中，设置图形范围就是标明用户的绘图区域和图纸的边界，这便于确定作图区域与实际尺寸的关系。指定角点中尖括号内的值是上次创建图形界限时输入的坐标。

🔔 **提示**：当重新设置图形界限（即修改图形范围大小后），一般要在命令状态下输入"zoom"，再选择 A（ALL）选项，或是通过选择【视图】→【缩放】→【全部】命令，即在屏幕上显示刚设置好的图幅全貌，也就是栅格显示的区域。

2.3　图　层　设　置

图层是 AutoCAD 组织图形的工具。AutoCAD 的图形对象必须绘制在某个图层上，它可以是系统默认的图层，也可以是用户自己创建的图层。利用图层的特性（线型、线宽、颜色），可以非常方便地区分不同的图形对象。此外，AutoCAD 还提供了打开/关闭、冻结/解冻、加锁/解锁等图层管理功能，这些功能有利于用户对图层进行科学的管理和对图形进行综合控制。

2.3.1　图层的概念

为了能够实现把图形的相关属性进行分类，AutoCAD 引入了图层（Layer）的概念，也就是把线型、线宽、颜色和状态等属性相同的图形对象放进同一个图层，以方便用户管理图形。

在绘图前指定每一个图层的线型、线宽、颜色和状态等属性,可将凡具有与之相同属性的图形对象都放到该图层上。而绘图时只需要指定每个图形对象的几何数据和其所在的图层就可以了。这样既简化了绘图过程,又便于图形管理。

在绘制复杂的二维图形时,需要创建数十种甚至上百种图层,这些图层将表现出图形各个部分的特性。每一种图层的特性主要展现在其线型、线宽、颜色、打开/关闭、冻结/解冻、加锁/解锁等状态。通过对这些图层特性的管理,可以达到高效绘制或编辑图形的目的。因此,对图层特性进行管理是一项非常重要的工作。

2.3.2   图层分类的原则

在绘制图形前,应明确需要创建哪些图层。设置合理的图层是工程设计人员运用 AutoCAD 绘图的一个良好习惯。多人协同设计时,更应设计好一个统一的图层结构,以便数据交换和共享。切忌将所有的图形对象都只放在一个图层中。

图层分类的原则如下:

(1)按照图形对象的使用性质分层。例如,在建筑设计中,可以将墙体、门窗、家具、绿化分属不同的图层。

(2)按照外观属性分层。具有不同线型或线宽的实体应当分属不同的图层,这是一个很重要的原则。例如,在建筑设计中,粗实线(外形轮廓线)、虚线(隐藏线)、单点长画线(中心线)就应分属 3 个不同的图层。

(3)按照模型和非模型分层。AutoCAD 的绘图过程实际上是图形的建模过程。图形对象本身是建模的一部分;而文字标注、尺寸标注、图框、图例符号等并不属于模型本身,是设计人员为了方便阅读而添加的说明性内容。所以模型和非模型应分属不同的图层。

2.3.3   创建与命名图层

执行【图层】命令主要有以下几种方法。

方法一:在菜单栏中选择【格式】→【图层】命令。

方法二:单击图层工具栏上的【图层特性管理器】按钮。

方法三:在命令行中输入“layer”或“la”命令,然后按 Enter 键。

一般情况下,在绘制复杂图形前,需要设置多个图层,其操作步骤如下:

(1)新建空白文件。

(2)单击图层工具栏上的按钮,打开如图 2-11 所示的【图层特性管理器】对话框。

(3)单击【新建】按钮,新建图层将以临时名称“图层 1”显示在列表中,如图 2-12 所示。

图 2-11   【图层特性管理器】对话框

（4）输入新建图层的名称，如"单点长画线"，创建第一个新图层。

图 2-12　新建图层

🔔 提示：图层名最长可达 255 个字符，可以是数字、字母或其他字符。图层名中不允许含有大于号（>）、小于号（<）、斜杠（／）、反斜杠（＼）以及标点符号等。

（5）按 Alt+N 组合键或继续单击【新建】按钮，创建另外两个图层，输入名称为"实线"和"虚线"，效果如图 2-13 所示。

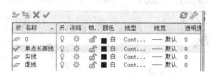

图 2-13　创建新图层

🔔 提示：如果在创建新图层时选择了一个现有图层，或为新建图层指定了图层特性，那么后面创建的新图层将继承先前图层的一切特性（如颜色、线型等）。

2.3.4　设置图层的颜色

创建多个图层后，一般还需要为其设置各种特性，如颜色、线型和线宽等。

设置颜色特性的操作步骤如下：

（1）单击【单点长画线】图层，将其激活，如图 2-14 所示。

图 2-14　选择图层

（2）单击如图 2-14 所示的图层颜色栏，打开【选择颜色】对话框，如图 2-15 所示。

（3）选择一种颜色，如红色，单击【确定】按钮，即可将图层的颜色设置为红色，如图 2-16 所示。

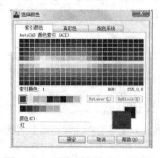

图 2-15　【选择颜色】对话框

图 2-16　设置颜色后的图层

2.3.5 设置图层的线型

下面通过为【单点长画线】图层设置线型，来学习图层线型的加载与设置。

（1）在如图 2-17 所示的图层位置上单击，打开如图 2-18 所示的【选择线型】对话框。

图 2-17 修改图层线型　　　　　　　　图 2-18 【选择线型】对话框

提示：默认设置下，系统提供一种 Continuous 线型，用户如果需要使用其他线型，必须进行加载。

（2）单击【加载】按钮，打开【加载或重载线型】对话框，选择 CENTER 线型，如图 2-19 所示。

（3）单击【确定】按钮，选择的线型被加载到【选择线型】对话框中，如图 2-20 所示。

图 2-19 【加载或重载线型】对话框　　　　　图 2-20 加载线型

（4）选择刚加载的线型，单击【确定】按钮，将此线型附加给当前被选择的图层，效果如图 2-21 所示。

图 2-21 附加线型给图层

2.3.6 设置图层的线宽

下面通过为【单点长画线】图层设置线宽，来学习图层线宽的设置。

（1）在【图层特性管理器】对话框中选择【单点长画线】图层，然后在如图 2-22 所示的线宽位置处单击。

（2）打开【线宽】对话框，在其中选择 0.13mm 的线宽，如图 2-23 所示。

图 2-22　选择图层的线宽　　　　　　　　图 2-23　选择线宽

（3）单击【确定】按钮返回【图层特性管理器】对话框，结果【单点长画线】图层的线宽被设置为 0.13 毫米，如图 2-24 所示。

图 2-24　设置线宽

（4）单击【确定】按钮，关闭【图层特性管理器】对话框。

2.3.7　设置图层的状态

图层状态是指用户对图层的整体特性在打开或关闭、隐藏或显示、冻结或解冻、锁定或解锁、打印或不打印等方面的设置，它能有效地控制图层、更好地管理图形。

1. 打开与关闭图层

当图层上的图形对象较多而可能干预绘图过程时，可以利用打开或关闭功能暂时关闭某些图层。关闭的图层能够与图形一起重生成，但不能在窗口中显示，亦不能打印。

设置图层打开或关闭的具体步骤是：在【图层特性管理器】对话框或图层工具栏中，选中相应的图层，单击小灯泡图标可进行切换。打开图层显示小灯泡亮的图标 ，关闭图层显示小灯泡灭的图标 。

2. 冻结与解冻图层

冻结图层不参与重生成，不能在窗口中显示，亦不能对其进行编辑。如果绘制的图形较大而且需要重生成图形时，即可使用图层的冻结功能，冻结不需要重生成图形。完成重生成图形后，再使用解冻功能将其解冻，恢复原来的状态即可。当然，当前的图层不能被解冻。

设置图层冻结或解冻的具体步骤是：在【图层特性管理器】对话框或图层工具栏中，单击雪花/太阳图标即可切换。冻结图层显示雪花图标 ，解冻的图层显示太阳图标 。

3. 锁定与解锁图层

图层被锁定后，其图形仍然显示在屏幕上，而且可以添加新的图形对象，但不能对其进行编辑、选择和删除等操作。锁定图层有利于编辑较复杂的图形。

设置图层锁定或解锁的具体步骤是：在【图层特性管理器】对话框或图层工具栏中，单击小锁形状的图标可以将锁定的图层解锁。锁定的图层显示关闭的小锁图标🔒，解锁的图层显示打开的小锁图标🔓。

4. 打印或不打印

在图纸输出过程中，如果不想打印某个图层，可以使用此功能。在【图层特性管理器】对话框中，单击相应图层的打印图标🖨，当图标变成🖨时，所选图层不可以打印和输出。此时，如果所选图层是"打开"且是"解冻"的，则该图层能够显示但不能打印。

2.4 使用辅助工具绘图

运用 AutoCAD 绘图时，使用 AutoCAD 系统提供的多种高精度的绘图辅助工具，可以快速地绘制出精确的图形，而无须输入坐标或进行枯燥的计算。AutoCAD 绘图辅助工具有栅格、捕捉、正交、对象捕捉、对象追踪和极轴追踪等。

2.4.1 正交、捕捉和栅格功能

在绘制图形时，很难通过光标来精确地指定到某一点的位置。如果使用相关的辅助工具，则可很轻松地处理好这些细节的操作。执行该类命令的方法如下。

方法一：按功能键 F7（栅格）、F8（正交）。

方法二：单击状态栏上的【栅格显示】按钮▦或【正交】按钮📐。

1. 设置栅格和捕捉

AutoCAD 2013 的栅格用于标定位置的网格，能更加直观地显示图形界限的大小。捕捉功能用于设定光标移动的间距。启动状态栏中的【栅格】模式，光标将准确捕捉到栅格点。选择【工具】→【草图设置】命令，打开【草图设置】对话框。通过该对话框中的【捕捉和栅格】选项卡，可以设置捕捉和栅格的相关参数，如图 2-25 所示。

图 2-25 【捕捉和栅格】选项卡

2. 使用正交模式

利用正交模式可以快速地绘制出与当前 X 轴或 Y 轴平行的线段。单击状态栏上的【正交】按钮，或按 F8 键，可以开启正交模式。打开正交模式后，系统就只能画出水平或垂直的直线。由于正交功能已经限制了直线的方向，所以在绘制一定长度的直线时，用户只需要输入直线的长度即可。

2.4.2　对象捕捉功能

对象捕捉功能就是当把光标放在一个对象上时，系统自动捕捉到对象上所有符合条件的几何特征点，并有相应的显示，如图 2-26 所示。

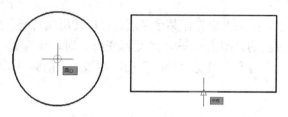

图 2-26　捕捉圆心和中点

AutoCAD 提供了两种对象捕捉模式：自动捕捉和临时捕捉。自动捕捉模式要求使用者先设置好需要的对象捕捉点，以后当光标移动到这些对象捕捉附近时，系统就会自动捕捉到这些点。

临时捕捉是一种一次性的捕捉模式，而且它不是自动的。当用户需要临时捕捉某个特征点时，应首先手动设置需要捕捉的特征点，然后进行对象捕捉，而且这种捕捉设置是一次性的，不能反复使用。在下一次遇到相同的对象捕捉点时，需要再次设置。

要启动对象捕捉模式，选择【草图设置】对话框中的【对象捕捉】选项卡（或 dsettings 或 se 命令），选中【启用对象捕捉】复选框，然后再选中相应的复选框，如图 2-27 所示。

在命令行提示输入点的坐标时，如果要使用临时捕捉模式，同时按 Shift 键和鼠标右键，此时系统将弹出一个如图 2-28 所示的快捷菜单，在其中可以选择需要的捕捉类型。

图 2-27　【对象捕捉】选项卡

图 2-28　临时捕捉菜单

2.4.3　自动追踪功能

使用自动追踪功能可以使绘图更加精确。在绘图过程中，结合自动追踪功能能够按指定的角度绘制图形，包括极轴追踪和对象捕捉追踪两种模式。

1. 极轴追踪

极轴追踪功能用于根据当前的追踪角度，引出相应的极轴追踪虚线进行追踪，以定位目标点。单击状态栏上的 按钮或按 F10 键，可打开极轴追踪功能。使用该功能可方便、精确地捕捉到所设极轴角度（或倍数角度）上的任意点。在极轴追踪模式下确定目标点时，系统会在光标接近指定角度的方向上显示临时的对齐路径，并自动在对齐路径上捕捉距离光标某距离的点，用户只需输入离指定点的长度即可，如图 2-29 所示。在【草图设置】对话框的【极轴追踪】选项卡中，可设置极轴追踪的参数，如图 2-30 所示。

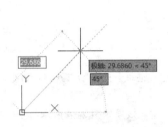

图 2-29　极轴追踪线图　　　　　　　图 2-30　设置极轴追踪

2. 对象捕捉追踪

对象捕捉追踪应与对象捕捉配合使用。该功能可以使光标从对象捕捉点开始，沿对齐路径进行追踪，并找到需要的精确位置。对齐路径是指和对象捕捉点水平对齐、垂直对齐或者按设置的极轴追踪角度对齐的方向。单击状态栏上的【对象追踪】按钮 或按 F11 键，可打开对象捕捉追踪功能。

3. 捕捉自

捕捉自应与对象捕捉配合使用。该功能是借助对象捕捉和相对坐标来定义窗口中相对于某一对象捕捉点的另外一个点。使用捕捉自功能时，首先要捕捉对象特征点作为目标点的偏移基点，然后再输入目标点的坐标值。单击对象捕捉工具栏上的 按钮，可打开捕捉自功能。

【例 2-2】学习使用对象捕捉追踪功能和捕捉自功能。

通过绘制图 2-31 所示的图形，来学习使用对象捕捉追踪功能和捕捉自功能。

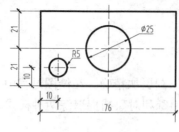

图 2-31　绘制效果

具体操作步骤如下：

（1）绘制矩形。命令行操作如下。

命令: line
指定第一点:　　　　　　　　　　　//在绘图区中拾取一点
指定下一点或 [放弃(U)]: //按 F8 键，打开正交功能，拖出 0°的方向矢量，输入"76"并按 Enter 键
指定下一点或 [放弃(U)]:　　　　　//拖出 90°的方向矢量，输入"42"并按 Enter 键
指定下一点或 [放弃(U)]:　　　　　//拖出 0°的方向矢量，输入"76"并按 Enter 键
指定下一点或 [闭合(C)/放弃(U)]: //输入"C"并按 Enter 键，绘制效果如图 2-32 所示

（2）绘制直径为 25 的圆。单击绘图工具栏上的 按钮，激活【圆】命令，配合对象捕捉和对象捕捉追踪功能，绘制圆。命令行操作如下。

命令: _circle
指定圆的圆心或 [三点(3P)/两点(2P)/切点、切点、半径(T)]:
//激活对象捕捉和对象捕捉追踪功能，光标从矩形两边的中点捕捉开始，沿对齐路径进行追踪，找到两中点的交点，得到圆心点位置。效果如图 2-33 所示
指定圆的半径或 [直径(D)]:　　　//输入"12.5"并按 Enter 键，效果如图 2-34 所示

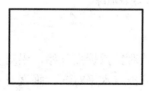　　　　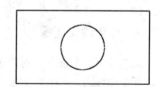

图 2-32　绘制效果　　　　　图 2-33　圆心点位置　　　　图 2-34　绘制效果

（3）绘制半径为 5 的圆。单击绘图工具栏上的 按钮，激活【圆】命令，配合对象捕捉功能和捕捉自功能，绘制圆。命令行操作如下。

命令: _circle
指定圆的圆心或 [三点(3P)/两点(2P)/切点、切点、半径(T)]:　　　//激活捕捉自功能
_from 基点:　　　　　　　　　　//捕捉如图 2-35 所示的端点
 <偏移>:　　　　　　　　　　　//输入"@10,10"并按 Enter 键
指定圆的半径或 [直径(D)]:　　　//输入"5"并按 Enter 键，结果如图 2-36 所示

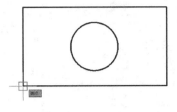

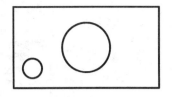

图 2-35　捕捉端点　　　　　　　　　图 2-36　绘制结果

2.4.4　动态输入

在 AutoCAD 中，单击状态栏上的【DYN 模式（动态输入）】按钮 ，可在指针位置处显示指针输入或标注输入的命令提示等信息，从而极大地提高了绘图的效率。

1．启用指针输入

在【草图设置】对话框的【动态输入】选项卡中，选中【启用指针输入】复选框，如图 2-37 所示。单击【指针输入】选项组中的【设置】按钮，可以在打开的【指针输入设置】对话框中设置指针的格式和可见性，如图 2-38 所示。在工具提示中，十字光标所在位置的坐标值将显示在光标旁边。命令提示用户输入点时，可以在工具提示（而非命令窗口）中输入坐标值。

图 2-37　【动态输入】选项卡　　　　　图 2-38　【指针输入设置】对话框

2．启用标注输入

在【草图设置】对话框的【动态输入】选项卡中，选中【可能时启用标注输入】复选框，启动标注输入功能。单击【标注输入】选项组中的【设置】按钮，可以在打开的【标注输入的设置】对话框中设置标注的可见性，如图 2-39 所示。当命令提示用户输入第二个点或距离时，将显示标注和距离与角度值的工具提示。标注工具提示中的值将随光标移动而更改，可以在工具提示中而不用在命令行上输入值。

3．显示动态提示

在【动态输入】选项卡中，选中【动态提示】选项组中的【在十字光标附近显示命令提示和命令输入】复选框，可在光标附近显示命令提示。

图 2-39　【标注输入的设置】对话框

2.5　AutoCAD 的视图操作显示

在绘图过程中经常需要对视图进行平移、缩放、重生成等操作，以方便观察视图和更好地绘图。

2.5.1　视图缩放

图形缩放（zoom）命令有时也称为视图缩放或屏幕缩放。它可以放大和缩小图形，如同使用带有变焦镜头的照相机一样将图拉近（放大）或推远（缩小），但图形实际尺寸保持不变，只是改变图形与屏幕的比例。而第 4 章图形编辑修改工具栏上的【缩放】（scale）命令是使图形实际几何尺寸发生了改变，虽然工具按钮名称一样，但其对应的命令不一样，千万不要把二者混淆了。

执行【缩放】命令主要有以下几种方法。

方法一：单击标准工具栏上的【实时缩放】、【窗口缩放】按钮，如图 2-40 所示。

方法二：右击打开任意一个工具栏，在弹出的快捷菜单中选择缩放工具栏，在缩放工具栏上单击缩放命令按钮，即可进行相应的缩放，如图 2-41 所示。

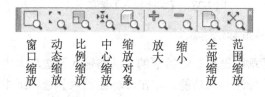

图 2-40　标准工具栏上的缩放按钮　　　　　　图 2-41　缩放工具栏

方法三：选择【视图】→【缩放】命令，在弹出的下级菜单中选择缩放命令，如图 2-42 所示。

方法四：在命令行中输入"zoom"命令，再输入对应选项后面的字母，就可以进行相应的缩放，默认是实时缩放选项。

命令: zoom
指定窗口的角点，输入比例因子(nX 或 nXP)，或者
[全部(A)/中心(C)/动态(D)/范围(E)/上一个(P)/比例(S)/窗口(W)/对象(O)] <实时>:

图 2-42　缩放命令

无论是缩放菜单、缩放工具栏或缩放命令（zoom）里都有实时缩放、窗口缩放和全部缩放，下面重点介绍这 3 种图形缩放的操作。

（1）实时缩放（R）

实时缩放通过向上或向下拖曳光标在逻辑范围内交互缩放，这是一种最方便实用的缩放方式。用上面的任一方法实现实时缩放，光标就类似一个放大镜，按住鼠标左键向上移动光标图形放大，向下移动光标则图形缩小。也可滚动鼠标中间的滑轮快速缩放图形。按 Esc 或 Enter 键退出实时缩放。

（2）窗口缩放（W）

窗口缩放是由两个角点定义的矩形窗口框定的区域内控制显示图形的大小。在窗口缩放状态，单击鼠标在需要放大的图形内（或图形中的某部分）框定一个矩形区域。则窗口内尽可能大地显示框定的图形对象并使其位于绘图区域的中心。窗口缩放对图形的细小部分绘制、修改都非常实用。

（3）全部缩放（A）

全部缩放是在当前窗口中缩放显示整个图形，如果图形超出当前所设置的图形界限，在绘图窗口中将全部图形对象进行显示，如果图形没有超出图形界限，在绘图窗口中将显示整个图形界限。

还有一些缩放选项，其含义如下。

◆　缩放上一个：快速恢复到上一次视图的比例和位置。可以连续单击逐次回退到以前的视图比例和位置。

◆　范围缩放：将显示图形范围并使所有对象最大显示，与图形界限无关。

◆ 圆心缩放：由中心点和放大比例值（或高度）定义。

◆ 比例缩放：输入比例因子，并以当前窗口的中心为中心点进行缩放。

◆ 放大：将以当前窗口的中心为中心点将图形放大一倍。

◆ 缩小：将以当前窗口的中心为中心点将图形缩小一半。

◆ 动态缩放：首先显示中心带有一个十字叉的平移矩形框，将矩形框放在图形要缩放的位置并单击，继而显示缩放矩形框（右边带有箭头）。移动箭头调整其大小，然后按 Enter 键将使当前矩形框中的对象布满当前视口。

2.5.2　视图重生

在绘图过程中，经常因为某些编辑操作（如删除、移动等），屏幕上会留下一些像素痕迹，这时可以选择【视图】→【重画】命令（redrawall）来更新屏幕显示。但执行【重画】命令后还不能清除像素痕迹，需要使用【重生成】命令（regen）来完成。AutoCAD 将重生成整个图形并重新计算所有对象的屏幕坐标，提供尽可能精确的图形。它还重新创建图形数据库索引，从而优化显示质量和对象选择的性能。【重生成】命令只是在当前视口中重新生成整个图形。

2.5.3　视图平移

在绘图过程中，为了能观察到不在当前窗口屏幕的图形，使用【实时平移】命令，把需要显示的图形移动到当前窗口。【实时平移】命令是使用频率极高的一种绘图辅助工具。

执行【实时平移】命令主要有以下几种方法。

方法一：单击标准工具栏中上的【实时平移】按钮 ✋。

方法二：选择【视图】→【平移】命令，在子菜单中选择其中一个选项。

方法三：在命令行中输入"pan"命令。

启动实时平移后，图标随即变为手形，按住鼠标左键拖动，即可移动图形。按 Esc 或 Enter 键退出命令。

2.5.4　设置弧形对象的显示精度

对于弧线和曲线对象，显示分辨率会直接影响其显示效果，过低会显示锯齿状，过高会影响软件运行速度，应根据计算机硬件的配置情况进行设定。系统提供了 viewres 命令来设置显示效果。viewres 命令中圆的缩放百分比（也称为平滑度）范围是 1～20000，默认设置为 1000，如图 2-43 和图 2-44 所示。

```
命令: viewres
是否需要快速缩放？[是(Y)/否(N)] <Y>:　y✓
输入圆的缩放百分比(1-20000) <1000>:　10✓
正在重生成模型。
```

图 2-43　viewres 为 1000 的圆　　　　　图 2-44　viewres 为 10 的圆

在 viewres 命令中输入的值越高，对象越平滑，但是 AutoCAD 也因此需要更多的时间来执行重生成、平移和缩放对象的操作。因此可以在绘制大图时将该选项设置为较低的值（如 1000 以下），而在放大时增加该选项的值，从而提高性能及显示效果。

2.6　上 机 练 习

1．打开 AutoCAD 2013，设置其单位为 mm，图形范围为 42000×29700，并使用"选择【视图】→【缩放】→【全部】命令"方法对图形进行全部缩放，最后保存以上设置。

2．参照表 2-1 中的属性创建图层，然后绘制如图 2-45 所示的图形。

表2-1　要创建图层的属性

名　　　称	颜　　色	线　　　型	线　　宽
粗实线	黑色	Continuous	0.5
粗双点长画线	红色	PHANTOM	0.5
细单点长画线	蓝色	CENTER	0.13
细虚线	黄色	ACAD_ISO02W100	0.13

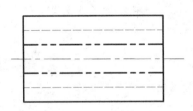

图 2-45　绘制效果

3．使用点的绝对坐标或相对直角坐标绘制如图 2-46 所示的图形。

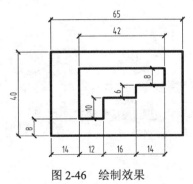

图 2-46　绘制效果

4．使用点的相对直角坐标和相对极坐标绘制如图 2-47 所示的图形。

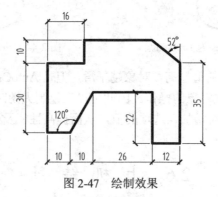

图 2-47　绘制效果

5．设定极轴追踪角度为 55，打开极轴追踪，通过指定线段的长度及角度绘制如图 2-48 所示的图形。

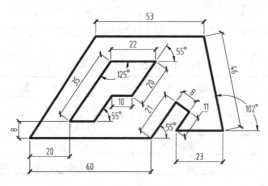

图 2-48　绘制效果

第 3 章　二维图形的绘制

任何复杂的图形都是由一些基本图形元素构成的，AutoCAD 2013 中的图形由点、线、圆、圆弧、矩形等基本图形对象组成。绘图工作归根结底就是给计算机输入命令。这些命令可以通过 3 种方式输入：下拉菜单（如图 3-1 所示）、工具栏（如图 3-2 所示）和命令。基本绘图命令有直线、构造线、多线、多段线、多边形、矩形、圆弧、圆、样条曲线、椭圆、点、图案填充等。

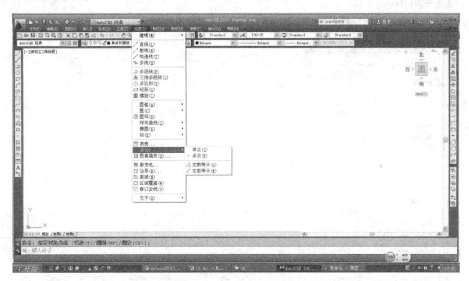

图 3-1　【绘图】下拉菜单

图 3-2　绘图工具栏

3.1　点

在 AutoCAD 2013 图形中的点一般作为一种特殊的符号或标记，点主要用作绘图或对象捕捉的参照点，用户在绘制点时首先要设置点的样式。

3.1.1　设置点的样式

执行绘制点的命令前，应先设定点的样式，点的样式决定所绘制点的形状和大小。

AutoCAD 2013 系统提供了 20 个点的图案，用户可以选取点的种类以及确定点的大小。

可以通过以下方法之一弹出【点样式】对话框来设置，如图 3-3 所示。

方法一：选择【格式】→【点样式】命令。

方法二：在命令行中输入"ddptype"命令。

图 3-3　【点样式】对话框

3.1.2　绘制点

点的样式设置好后即可绘点。绘制点的输入方法如下。

方法一：选择【绘图】→【点】→【单点】或【多点】命令，如图 3-4 所示。

方法二：单击绘图工具栏上的【点】按钮，如图 3-5 所示。

图 3-4　命令　　　　　　　　　　　　图 3-5　【点】按钮

方法三：在命令行中输入"point"（简化命令：po）。

3.1.3　绘制等分点

点的样式设置好后，在指定的实体（直线、圆、圆弧、椭圆、矩形、多段线、样条曲线）上，按给出等分段数绘制等分点。被等分的实体实际上并没有被断开，只是在实体等分点的位置上放置一个点标记，可作为对象的目标捕捉点。当不需要标记点作为参照点时，通过【点样式】对话框（如图 3-3 所示），选择第二个选项（即无点标记）使已有的点标记立即消失。在等分点处也可以插入指定的块。

绘制等分点命令的输入方法如下。

方法一：选择【绘图】→【点】→【定数等分】命令。

方法二：在命令行中输入"divide"命令（简化命令：div）。

输入命令后，在命令窗口出现如下提示。

命令: _divide

选择要定数等分的对象:（选择需等分的实体）

输入线段数目或 [块(B)]: 6✓（输入等分段数，或 B 选项在等分点插入图块）

如图 3-6 所示为在一多段线和圆上绘制等分点（分段数为 6）的效果。

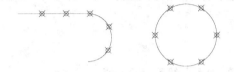

图 3-6　绘制等分点的效果

3.1.4　绘制等距点

点的样式设置好后，在指定的实体（直线、圆、圆弧、椭圆、矩形、多段线、样条曲线）上，按给出等距长度，绘制等距点。与绘制等分点相同，实际上实体并没有被断开，而是在相应的位置放置一个点标记。从端点开始以相等的距离计算度量点直到余下部分不足一个间距为止。

绘制等距点的方法如下。

方法一：选择【绘图】→【点】→【定距等分】命令。

方法二：在命令行中输入"measure"命令（简化命令：me）。

输入命令后，在命令窗口将出现如下提示。

命令: measure

选择要定距等分的对象:　　（选择要等距等分的实体）

指定线段长度或 [块(B)]: 50 ✓（输入每段长度值，或 B 选项在等距点插入图块）

如图 3-7 所示为分别在一直线和样条曲线上绘制等距点（每段长度值为 50）的效果。

图 3-7　绘制等距点的效果

3.2　线

绘线是 AutoCAD 中最常用的命令，AutoCAD 2013 提供了直线、射线、构造线、多线、多段线、样条曲线、修订云线、圆弧等多种方法绘线。

3.2.1 直线

1. 基本概念

在 AutoCAD 2013 中用绘制直线命令可以通过给定直线的起点和终点画出直线段、折线段或闭合多边形，其中每一线段均是一个单独的对象。绘制直线时必须确定直线的起点，起点常用光标在绘图区域拾取或输入起点的绝对坐标值。当拾取起点后，系统要求指定下一点（端点），输入端点的方法有绘图区域直接拾取、相对（绝对）坐标输入、极轴捕捉配合距离等。

2. 输入命令

方法一：选择【绘图】→【直线】命令。
方法二：单击绘图工具栏上的 ✎ 按钮。
方法三：在命令行中输入 "line" 命令（简化命令：l）。

3. 实例操作

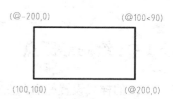

图 3-8　用直线绘制矩形的效果

【**例 3-1**】绘制如图 3-8 所示的矩形。

4. 实例操作步骤

命令: _line 指定第一点: 100,100↙　（输入起点的绝对坐标 "100, 100"）
指定下一点或 [放弃(U)]: @200,0↙　（输入第 2 点的相对坐标 "200, 0"）
指定下一点或 [放弃(U)]: @100<90↙　（输入第 3 点的相对极坐标 "100<90"）
指定下一点或 [闭合(C)/放弃(U)]: @-200,0↙　（输入第 4 点的相对坐标 "-200, 0"）
指定下一点或 [闭合(C)/放弃(U)]: c↙　（输入 "C"，闭合图形并结束画直线命令）

3.2.2 射线

1. 基本概念

射线是从指定的起点向某一个方向无限延伸的直线。射线一般作为辅助线使用而不能作为图形的一部分，它可以在屏幕上显示出来，一般不需要打印输出，是绘图过程中重要的辅助工具之一。

2. 输入命令

方法一：选择【绘图】→【射线】命令。
方法二：在命令行中输入 "ray" 命令。

3. 实例操作

【**例 3-2**】绘制如图 3-9 所示的图形。

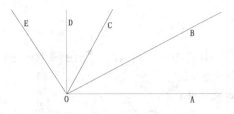

图 3-9　用射线绘图示例

4. 实例操作步骤

命令: _ray 指定起点:（鼠标拾取 O 点）
指定通过点:（通过点 A，画出射线）
指定通过点:（通过点 B，画出射线）
指定通过点:（通过点 C，画出射线）
指定通过点:（通过点 D，画出射线）
指定通过点:（通过点 E，画出射线）
指定通过点: ✓（按 Enter 键结束命令）

3.2.3　构造线

1. 基本概念

构造线是一条无限长的直线，在实际的绘图工作中，构造线起着定位的作用。例如在绘制构件的三视图时，构造线主要是为保证立面图与侧面图及平面图之间的投影关系而做的辅助线。

2. 输入命令

方法一：选择【绘图】→【构造线】命令。
方法二：单击绘图工具栏上的 ╱ 按钮。
方法三：在命令行中输入"xline"命令（简化命令：xl）。

3. 实例操作

【例 3-3】 绘制如图 3-10 所示的图形。

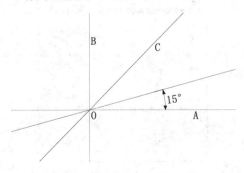

图 3-10　用构造线绘图的效果

4. 实例操作步骤

命令: _xline 指定点或[水平(H)/垂直(V)/角度(A)/二等分(B)/偏移(O)]: h
指定通过点:（给通过点画出水平线）
指定通过点: ✓（按 Enter 键结束命令）
命令: _xline 指定点或[水平(H)/垂直(V)/角度(A)/二等分(B)/偏移(O)]: v
指定通过点:（给通过点画出铅垂线）
指定通过点: ✓（按 Enter 键结束命令）
命令: _xline 指定点或[水平(H)/垂直(V)/角度(A)/二等分(B)/偏移(O)]: a
输入构造线的角度（0）或[参照(R)]: 15
指定通过点:（给通过点画出 15° 构造线）
指定通过点: ✓（按 Enter 键结束命令）
命令: _xline 指定点或 [水平(H)/垂直(V)/角度(A)/二等分(B)/偏移(O)]: b
指定角的顶点:（给通过 O 点）
指定角的起点:（给通过 A 点）
指定角的端点:（给通过 B 点）
指定角的端点:✓（按 Enter 键结束命令，画出角平分线 C）

3.2.4 多线

在工程领域中，经常要绘制平行线，如建筑平面图中的墙线、窗线等。AutoCAD 2013 提供了一种功能更强、更专业的多线命令。多线是一种由多条平行线（1～16）组成的对象。每一条多线都基于预定义的多线样式，有各自的偏移量、颜色、线型等特性，所以绘制多线前先要设置多线样式。

1. 设置多线样式

用户可以根据需要定义多线的样式，设置其线条数目、间距及封口方式等，还可以对样式进行装载、保存、更名及修改样式说明等操作。可以通过以下方式之一弹出【多线样式】对话框来进行设置，如图 3-11 所示。

图 3-11 【多线样式】对话框

方法一：选择【格式】→【多线样式】命令。

方法二：在命令行中输入"mlstyle"命令。

2. 多线样式设置说明

（1）单击对话框右边的【新建】按钮，在弹出如图 3-12 所示的【创建新的多线样式】对话框中输入新样式名 chx，单击【继续】按钮，弹出如图 3-13 所示的【新建多线样式：1】对话框。

图 3-12　【创建新的多样式】对话框　　　　图 3-13　【新建多线样式：1】对话框

（2）在【新建多线样式：1】对话框中的【说明】栏中输入线型说明。如画 4 条线可单击【添加】按钮，在偏移文本框中输入某一个元素的偏移量，在颜色、线型文本框中分别选择该元素的颜色、线型。如果某一个元素多余，可先在元素列表框中选定该元素，再单击【删除】按钮。在【封口】选项组中确定多线的封口形式，在【填充】选项组中可选择多线填充的颜色，单击【确定】按钮，返回【多线样式】对话框。

（3）在【修改多线样式】对话框（如图 3-14 所示）中可对某一项进行修改，如修改【图元】选项组中的颜色及线型，在【选择线型】对话框（如图 3-15 所示）中可单击【加载】按钮，弹出如图 3-16 所示的【加载或重载线型】对话框，有多种线型选择。

图 3-14　【修改多线样式】对话框

（4）单击【保存】按钮，对设置的多线样式进行保存。在进行重命名操作时首先将待重命名样式设置为当前样式，然后单击【重命名】按扭，输入新名后单击【确定】按钮即可对已经存在的多线样式更名。同样进行删除操作时首先将待删除样式设置为当前样式，然后单击【删除】按钮即可对已经存在的多线样式删除。单击【加载】按钮将打开【加载多线样式】对话框，单击【文件】按钮，从多线库中选多线样式加载到当前图形中。

图 3-15　【选择线型】对话框

图 3-16　【加载或重载线型】对话框

3. 绘制多线

多线的样式设置好后就可绘制多线。绘制多线的命令输入方法如下。

方法一：选择【绘图】→【多线】命令。

方法二：在命令行中输入"mline"命令。

4. 实例操作

【例 3-4】绘制如图 3-17 所示的图形。

5. 实例操作步骤

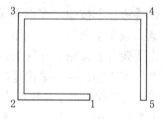

图 3-17　用多线绘图的效果

```
命令:_mline
当前设置: 对正 = 上，比例 = 20.00，样式 = STANDARD
指定起点或 [对正(J)/比例(S)/样式(ST)]: st ↙　（选择样式）
输入多线样式名或 [?]: q ↙　（输入样式名）
当前设置: 对正 = 上，比例 = 20.00，样式 = Q
指定起点或 [对正(J)/比例(S)/样式(ST)]: s ↙　（选择比例）
输入多线比例 <20.00>: 5 ↙　（输入比例）
当前设置: 对正 = 上，比例 = 5.00，样式 = Q
指定起点或 [对正(J)/比例(S)/样式(ST)]: j ↙（选择对正）
输入对正类型 [上(T)/无(Z)/下(B)] <上>: z ↙（输入对中"Z"）
当前设置: 对正 = 无，比例 = 5.00，样式 = Q
指定起点或 [对正(J)/比例(S)/样式(ST)]: （拾取第 1 点）
指定下一点: （水平向左拾取第 2 点）
指定下一点或 [放弃(U)]: （垂直向上拾取第 3 点）
```

指定下一点或 [闭合(C)/放弃(U)]:　（水平向右拾取第 4 点）
指定下一点或 [闭合(C)/放弃(U)]:　（垂直向下拾取第 5 点）
指定下一点或 [闭合(C)/放弃(U)]: ✓（按 Enter 键结束命令）

6. 多线对正说明

对正类型分 3 种，即上（T）、无（Z）、下（B）。"上（T）"表示以拾取点作为多线的上方点，即在光标（拾取点）下方绘制多线；"无（Z）"表示以拾取点作为多线的中点绘制多线；"下（B）"表示以拾取点作为多线的下方点，即在光标（拾取点）上方绘制多线，如图 3-18 所示。

图 3-18　多线的模式

3.2.5　多段线

1. 基本概念

多段线是指可以由不同宽度的线条组成的连续线段，该线条可以包含直线和弧线，是一个组合对象。可以定义线宽，每段起点、端点宽度可变。

2. 输入命令

方法一：选择【绘图】→【多段线】命令。
方法二：单击绘图工具栏上的 ⤴ 按钮。
方法三：在命令行中输入"pllne"命令（简化命令：pl）。

3. 实例操作

【例 3-5】绘制如图 3-19 所示的图形。

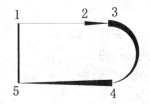

图 3-19　用多段线绘图的效果

4. 实例操作步骤

命令: _pline
指定起点: ↙（给起点 1）
当前线宽为 0.0000
指定下一个点或 [圆弧(A)/半宽(H)/长度(L)/放弃(U)/宽度(W)]: ↙（画出 2 点）
指定下一点或 [圆弧(A)/闭合(C)/半宽(H)/长度(L)/放弃(U)/宽度(W)]: w↙（选宽度）
指定起点宽度 <0.0000>: 5↙（输入起点线宽 5）
指定端点宽度 <5.0000>: 0↙（输入终点线宽 0）
指定下一点或 [圆弧(A)/闭合(C)/半宽(H)/长度(L)/放弃(U)/宽度(W)]: ↙（画出 3 点）
指定下一点或 [圆弧(A)/闭合(C)/半宽(H)/长度(L)/放弃(U)/宽度(W)]: a↙（选画圆弧）
指定圆弧的端点或↙（定圆弧的端点）
[角度(A)/圆心(CE)/闭合(CL)/方向(D)/半宽(H)/直线(L)/半径(R)/第二个点(S)/放弃(U)/宽度(W)]: w↙
（选宽度）
指定起点宽度 <0.0000>: 8↙（输入起点宽度 8）
指定端点宽度 <8.0000>: 0↙（输入终点宽度 0）
指定圆弧的端点或↙（画出 4 点）
[角度(A)/圆心(CE)/闭合(CL)/方向(D)/半宽(H)/直线(L)/半径(R)/第二个点(S)/放弃(U)/宽度(W)]: l↙
（选画直线）
指定下一点或 [圆弧(A)/闭合(C)/半宽(H)/长度(L)/放弃(U)/宽度(W)]: w↙（选宽度）
指定起点宽度 <0.0000>: 8↙（输入起点宽度 8）
指定端点宽度 <8.0000>: 0↙（输入终点宽度 0）
指定下一点或 [圆弧(A)/闭合(C)/半宽(H)/长度(L)/放弃(U)/宽度(W)]: ↙（画出 5 点）
指定下一点或 [圆弧(A)/闭合(C)/半宽(H)/长度(L)/放弃(U)/宽度(W)]: w↙（选宽度）
指定起点宽度 <0.0000>: 2↙（输入起点宽度 2）
指定端点宽度 <2.0000>:↙（输入终点宽度 2）
指定下一点或 [圆弧(A)/闭合(C)/半宽(H)/长度(L)/放弃(U)/宽度(W)]: c↙（闭合，结束命令）

3.2.6 样条曲线

1. 基本概念

样条曲线是按照给定的某些控制点拟合生成的光滑曲线。一般通过起点、控制点、终点及切线方向来绘制样条曲线。【样条曲线】命令主要是用来绘制不规则的波浪线、等高线等曲线图形。

2. 输入命令

方法一：选择【绘图】→【样条曲线】命令。
方法二：单击绘图工具栏上的 按钮。
方法三：在命令行中输入"spline"命令。

3. 实例操作

【例 3-6】绘制如图 3-20 所示的图形。

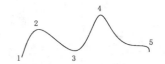

图 3-20　用样条曲线绘图的效果

4. 实例操作步骤

命令: _spline
指定第一个点或 [对象(O)]:（输入第 1 点）
指定下一点:（输入第 2 点）
指定下一点或 [闭合(C)/拟合公差(F)] <起点切向>:（输入第 3 点）
指定下一点或 [闭合(C)/拟合公差(F)] <起点切向>:（输入第 4 点）
指定下一点或 [闭合(C)/拟合公差(F)] <起点切向>:（输入第 5 点）
指定下一点或 [闭合(C)/拟合公差(F)] <起点切向>:✓
指定起点切向:（输入起点的切线方向）
指定端点切向:（输入终点的切线方向）

3.2.7　修订云线

1. 基本概念

使用【修订云线】命令可以绘制同云朵一样的连续曲线。可以通过拖动光标创建新的修订云线，也可以将闭合对象（例如圆、椭圆等）转换为修订云线。

2. 输入命令

方法一：选择【绘图】→【修订云线】命令。
方法二：单击绘图工具栏上的 按钮。
方法三：在命令行中输入"revcloud"命令。

3. 实例操作

【例 3-7】绘制如图 3-21 和图 3-22 所示的图形。

图 3-21　用修订云线绘图的效果　　　图 3-22　用圆转换为修订云线

4. 实例操作步骤

对于图 3-21：

命令: _revcloud
最小弧长: 15　　最大弧长: 20　　样式: 普通
指定起点或 [弧长(A)/对象(O)/样式(S)] <对象>:（给起点，然后移动鼠标画线直至终点按 Enter 键结束命令）

对于图 3-22：

命令: _circle 指定圆的圆心或 [三点(3P)/两点(2P)/切点、切点、半径(T)]:
指定圆的半径或 [直径(D)] : 50　（画圆）

命令: _revcloud
最小弧长: 15   最大弧长: 20   样式: 普通
指定起点或 [弧长(A)/对象(O)/样式(S)] <对象>: O✓ （选择【对象(O)】选项）
选择对象: （点击圆）
反转方向 [是(Y)/否(N)] <否>: n
修订云线完成

3.2.8 圆弧

1. 基本概念

AutoCAD 2013 提供的绘圆弧命令（arc）可用来根据已知条件，选择多种方式画圆弧。系统在下拉菜单圆弧项的级联菜单中，按给出画圆弧的条件和顺序的不同，列出 11 种画圆弧的方法。如图 3-23 所示为绘制圆弧的子菜单。

2. 输入命令

方法一：选择【绘图】→【圆弧】命令。
方法二：单击绘图工具栏上的 ⌒ 按钮。
方法三：在命令行中输入"arc"命令（简化命令：a）。

3. 实例操作

【例 3-8】用"起点、圆心、角度"方法绘制如图 3-24 所示的圆弧图形。

图 3-23 圆弧子菜单

图 3-24 绘圆弧

4. 实例操作步骤

选择【绘图】→【圆弧】→【起点、圆心、角度(T)】命令。

命令: _arc 指定圆弧的起点或 [圆心(C)]: （输入起点 A）
指定圆弧的第二个点或 [圆心(C)/端点(E)]: _c 指定圆弧的圆心: （输入圆心 O）
指定圆弧的端点或 [角度(A)/弦长(L)]: _a 指定包含角: 150✓ （输入角度 150°，按 Enter 键，结束命令）

3.3 平面图形

AutoCAD 2013 除了提供多种线作为基本图元外，还提供一些具有基本形状的面图元，包括矩形、多边形、圆、椭圆和圆环等。

3.3.1 绘正多边形

1. 基本概念

正多边形是指由至少 3 条长度相等的边组成的封闭图形，用户可以通过给定多边形的一个边来确定多边形，也可以利用外接圆方式和内切圆方式确定多边形。

2. 输入命令

方法一：选择【绘图】→【正多边形】命令。

方法二：单击绘图工具栏上的 ⬡ 按钮。

方法三：在命令行中输入"polygon"命令（简化命令：pol）。

3. 实例操作

【例 3-9】绘制如图 3-25 所示的图形。

边长方式（E）　　内接于圆方式（I）　　外切于圆方式（O）

图 3-25　绘正多边形

4. 实例操作步骤

（1）边长方式（E）

> 命令: _polygon 输入边的数目 <6>::✓（输入边数，选默认方式）
> 指定正多边形的中心点或 [边(E)]: e:✓（选择【边(E)】选项）
> 指定边的第一个端点: 指定边的第二个端点: ✓（给边上第一和第二端点）

（2）内接于圆方式（I）

> 命令: _polygon 输入边的数目 <6>::✓（输入边数，选默认方式）
> 指定正多边形的中心点或 [边(E)]: :✓（输入中心点）
> 输入选项 [内接于圆(I)/外切于圆(C)] <C>::✓（选外切于圆）
> 指定圆的半径: 30:✓（输入半径）

（3）外切于圆方式（C）

命令: _polygon 输入边的数目 <6>::✓（输入边数，选默认方式）
指定正多边形的中心点或 [边(E)]: :✓（输入中心点）
输入选项 [内接于圆(I)/外切于圆(C)] <C>: i:✓（选内接于圆）
指定圆的半径: 30:✓（输入半径）

3.3.2　绘矩形

1. 基本概念

AutoCAD 2013 提供的矩形命令（rectang）所绘制的矩形是一个整体，只需确定矩形两对角点的位置就可以绘制矩形，该命令不仅可绘制常规的四角是直角的矩形，还可绘制四角是斜角或圆角的矩形。

2. 输入命令

方法一：选择【绘图】→【矩形】命令。
方法二：单击绘图工具栏上的 □ 按钮。
方法三：在命令行中输入"rectang"命令（简化命令：rec）。

3. 实例操作

【例 3-10】绘制如图 3-26 所示的图形。

直角　　　　　倒角（C）　　　　圆角（F）　　　　宽度（W）

图 3-26　绘矩形

4. 实例操作步骤

（1）绘直角矩形

命令: _rectang
指定第一个角点或 [倒角(C)/标高(E)/圆角(F)/厚度(T)/宽度(W)]:（给出第一个角点）
指定另一个角点或 [面积(A)/尺寸(D)/旋转(R)]: （给出另一个角点）

（2）绘倒角矩形

命令: _rectang
指定第一个角点或 [倒角(C)/标高(E)/圆角(F)/厚度(T)/宽度(W)]: c（选择【倒角(C)】选项）
指定矩形的第一个倒角距离 <0.0000>: 5✓（输入第一个倒角距离）
指定矩形的第二个倒角距离 <5.0000>:✓（输入第二个倒角距离，选默认方式）
指定第一个角点或 [倒角(C)/标高(E)/圆角(F)/厚度(T)/宽度(W)]: （给出角点 1）
指定另一个角点或 [面积(A)/尺寸(D)/旋转(R)]: （给出角点 2）

（3）绘圆角矩形

命令：_rectang
当前矩形模式：　倒角=5.0000×5.0000
指定第一个角点或 [倒角(C)/标高(E)/圆角(F)/厚度(T)/宽度(W)]: f（选择【圆角(F)】选项）
指定矩形的圆角半径 <5.0000>:↙（输入圆角半径）
指定第一个角点或 [倒角(C)/标高(E)/圆角(F)/厚度(T)/宽度(W)]:（给出角点 1）
指定另一个角点或 [面积(A)/尺寸(D)/旋转(R)]:（给出角点 2）

（4）绘有宽度的直角矩形

命令：_rectang
当前矩形模式：　圆角=5.0000　宽度=3.0000
指定第一个角点或 [倒角(C)/标高(E)/圆角(F)/厚度(T)/宽度(W)]: f（选择【圆角(F)】选项）
指定矩形的圆角半径 <5.0000>: 0↙（输入圆角半径为 0）
指定第一个角点或 [倒角(C)/标高(E)/圆角(F)/厚度(T)/宽度(W)]: w↙（选择【宽度(W)】选项）
指定矩形的线宽 <3.0000>:↙（输矩形的线宽）
指定第一个角点或 [倒角(C)/标高(E)/圆角(F)/厚度(T)/宽度(W)]:（给出角点 1）
指定另一个角点或 [面积(A)/尺寸(D)/旋转(R)]:（给出角点 2）

3.3.3　绘圆

1. 基本概念

AutoCAD 2013 提供的绘圆命令（circle）根据已知条件，可选择多种方式画圆。

系统提供 6 种绘制圆的方法，默认方法为利用圆心、半径画圆。如图 3-27 所示为绘圆的子菜单。

图 3-27　绘圆子菜单

2. 输入命令

方法一：选择【绘图】→【圆】命令。
方法二：单击绘图工具栏上的 ⊙ 按钮。
方法三：在命令行中输入"circle"命令（简化命令：c ）。

3. 实例操作

【例 3-11】绘制如图 3-28 所示的图形。

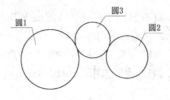

图 3-28　绘圆

4. 实例操作步骤

（1）绘圆 1：用"圆心、半径"（R）方法

命令: _circle 指定圆的圆心或[三点(3P)/两点(2P)/切点、切点、半径(T)]：（选"指定圆的圆心"选项）
指定圆的半径或 [直径(D)]: 50:✓（输入半径）

（2）绘圆 2：用"两点(2P)"方法

命令: _circle 指定圆的圆心或 [三点(3P)/两点(2P)/切点、切点、半径(T)]: _2p（选择【两点(2P)】选项）
指定圆直径的第一个端点：（给圆直径的第一个端点）
指定圆直径的第二个端点：（给圆直径的第二个端点）

（3）绘圆 3：用"相切、相切、半径(T)"方法

命令: _circle 指定圆的圆心或 [三点(3P)/两点(2P)/切点、切点、半径(T)]: T（选择【切点、切点、半径(T)】方法选项）
指定对象与圆的第一个切点：（与圆 1 的第一个切点）
指定对象与圆的第二个切点：（与圆 2 的第二个切点）
指定圆的半径 <35.5804>: 30:✓（输入半径）

3.3.4　绘圆环

1. 基本概念

AutoCAD 2013 提供的绘圆环命令（donut）可根据用户指定的内、外圆直径在指定的位置创建圆环，可绘制实心圆环和空心圆环。

2. 输入命令

方法一：选择【绘图】→【圆环】命令。
方法二：在命令行中输入"donut"命令（简化命令：do ）。

3. 实例操作

【例 3-12】绘制如图 3-29 所示的图形。

空心圆环　　　　实心圆环

图 3-29　绘圆环

4. 实例操作步骤

（1）绘空心圆环

命令: _donut
指定圆环的内径 <30.0000>:✓（输圆环的内径，选默认方式）
指定圆环的外径 <60.0000>: 50✓（输圆环的外径）
指定圆环的中心点或 <退出>:（给圆环的中心点）
指定圆环的中心点或 <退出>:✓（结束命令）

（2）绘实心圆环

命令: _donut
指定圆环的内径 <30.0000>: 0✓（输圆环的内径为 0）
指定圆环的外径 <50.0000>:✓（输圆环的外径，选默认方式）
指定圆环的中心点或 <退出>:（给圆环的中心点）
指定圆环的中心点或 <退出>:✓（结束命令）

3.3.5　绘椭圆

1. 基本概念

AutoCAD 2013 提供的绘椭圆命令（ellipse）可用于画椭圆或椭圆弧，椭圆可通过轴端点、轴距离、绕轴线旋转的角度或中心点几种不同组合绘制。

2. 输入命令

方法一：选择【绘图】→【椭圆】命令。
方法二：单击绘图工具栏上的 ⬭ 按钮。
方法三：在命令行中输入"ellipse"命令（简化命令：do ）。

3. 实例操作

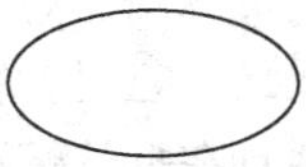

【例 3-13】用"圆心(C)"绘椭圆的方法绘制如图 3-30 所示的图形。

图 3-30　绘椭圆

4. 实例操作步骤

命令: _ellipse
指定椭圆的轴端点或 [圆弧(A)/中心点(C)]: c（选择【中心点(C)】选项）
指定椭圆的中心点:（输入椭圆的中心点）

指定轴的端点：（输入椭圆的轴端点）

指定另一条半轴长度或 [旋转(R)]: 30:↙（输椭圆半轴长度）

3.4 图案填充

在土木工程图中，通过不同的剖面符号表示土木、混凝土等结构，需要对某个实体使用某个图案来表明材料的类型，因此经常需要绘制一些剖面符号或剖面线，以形象地表示实体材料的特点。AutoCAD 的图案填充功能是绘制剖面线最常用的方法。

3.4.1 概述

1. 图案类型

AutoCAD 2013 提供有预定义、用户定义和自定义 3 种类型的图案，用户可根据所要填充的图案选择相应的图案类型。

（1）预定义类型

AutoCAD 2013 提供了 82 种图案，每种图案都有一个名字，如图 3-31 所示为部分图案。

图 3-31　预定义类型图案

（2）用户定义类型

可由用户通过指定角度和间距来用当前的线型定义一组平行线或两组平行线互相正交的网格型图案。

（3）自定义类型

用户自定义图案数据，并写入自定义图案文件的图案。

2. 填充边界

进行图案填充时首先要确定填充边界。AutoCAD 规定只能在封闭边界内填充，封闭边界可以是圆、矩形，也可以是闭合的曲线、多段线等。出现在填充区内的封闭边界，称为孤岛，它包括字符串的外框等，如图 3-32 所示。AutoCAD 通过孤岛检测可以自动查找，并且在默认情况下，不对孤岛进行填充。

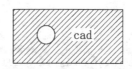

图 3-32　填充边界和孤岛

3. 填充方式

（1）普通样式

普通样式是先从最外层的外边界向内边界填充，如此交替进行，直到选定边界填充完毕。如图 3-33（a）所示的图形，以窗选方式选择所有形体为填充边界，以普通方式填充，效果如图 3-33（b）所示。

（2）外部样式

外部样式是只填充最外层与向内第一边界之间的区域，用最外层填充方式填充的效果如图 3-33（c）所示。

（3）忽略样式

忽略样式是忽略最外层边界内其他任何实体，以最外层边界向内填充全部图形，该方式填充的效果如图 3-33（d）所示。

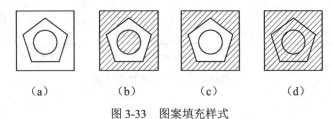

　　　（a）　　　　　　（b）　　　　　　（c）　　　　　　（d）

图 3-33　图案填充样式

3.4.2　图案填充

1. 输入命令

方法一：选择【绘图】→【图案填充】命令。

方法二：单击绘图工具栏上的▨按钮。

2. 操作说明

命令启动后，出现【图案填充和渐变色】对话框，再切换到【图案填充】选项卡，如图 3-34 所示。其主要选项的说明如下。

（1）类型

用于选择所要填充的图案的类型。其选项有预定义、用户定义和自定义 3 种。

（2）图案

显示当前填充的图案名。如选择【预定义】后，单击【图案】选项后面的▨按钮将弹出【填充图案选项板】对话框，如图 3-35 所示，用户可选择一种所需的图案。

（3）样例

显示当前填充的图案。

（4）角度

主要用于设置填充图案与水平方向的倾斜角度。如图 3-36 所示的是同样的图案样式，角度不同，填充图案的外观就不同。

图 3-34　【图案填充】选项卡

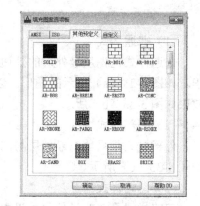

图 3-35　【填充图案选项板】对话框

角度0

角度45°

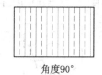

角度90°

图 3-36　不同角度的填充图案

（5）比例

填充图案的比例。如图 3-37 所示的是同样的图案样式，不同的比例设置，图案填充的效果。

比例1

比例2

比例0.5

图 3-37　不同比例的填充图案

（6）添加:拾取点

用户在填充的图案边界内任选一点，系统自动搜索，从而生成封闭边界。如图 3-38（a）所示为拾取一内点，图 3-38（b）所示为填充图案的效果。

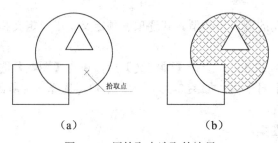

（a）　　　　　　　　　　（b）

图 3-38　用拾取点选取的边界

（7）添加:选择对象

用选择对象的方法确定填充边界。

3. 实例操作

【例 3-14】绘制如图 3-39 所示的图形。

4. 实例操作步骤

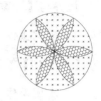

（1）画图：画圆；用点的定数等分圆为六等分；用圆弧线画 6 个花瓣。

图 3-39　图案填充图

（2）启动 hatch 命令，弹出【图案填充和渐变色】对话框。

（3）图案类型设为【预定义】，选择 HONEY 图案，选角度为 0，比例为 1。

（4）选择普通边界样式，单击【添加:拾取点】按钮，在欲填充的 6 个花瓣内各选一内点，定义填充边界。

（5）再选择 CRSS 图案，单击【添加:选择对象】按钮，框选整个图形，确定填充图形边界，完成填充图案。

3.4.3　渐变填充

渐变填充是在一种颜色的不同灰度之间或两种颜色之间创建过渡。

1. 输入命令

方法一：选择【绘图】→【渐变色】命令。
方法二：单击绘图工具栏上的 按钮。

2. 操作说明

命令启动后，出现【图案填充和渐变色】对话框，再切换到【渐变色】选项卡，如图 3-40 所示。其主要选项说明如下。

（1）颜色

用于选择所要填充的图案的颜色和渐变的样式。单击【颜色】下的 按钮将弹出【选择颜色】对话框，如图 3-41 所示，用户可选择一种所需的颜色。

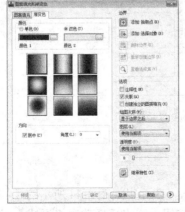

图 3-40　【渐变色】选项卡

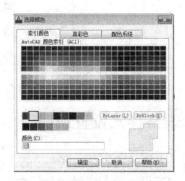

图 3-41　【选择颜色】对话框

（2）边界

边界与【图案填充】选项卡上的相同，有【添加:拾取点】和【添加:选择对象】按钮。

3. 实例操作

【例 3-15】绘制如图 3-42 所示的图形。

4. 实例操作步骤

图 3-42　渐变填充图

（1）启动 gradient 命令，弹出渐变色对话框。
（2）选颜色样式。
（3）选择"普通"边界样式，单击【添加:拾取点】按钮，定义填充边界。完成填充。

3.5　表　　格

表格是在行和列中包含数据的对象。可以通过空的表格或表格样式创建空的表格对象。

3.5.1　设置表格样式

执行绘制表格的命令前，应先设定表格的样式，表格的样式决定所绘制表格中的文字字型、大小、对正方式和表格线宽等。可以通过以下方法之一在弹出的【表格样式】对话框中进行设置，如图 3-43 所示。

方法一：选择【格式】→【表格样式】命令。
方法二：单击样式工具栏上的【表格样式】按钮 。
方法三：在命令行中输入"tablestyle"命令。

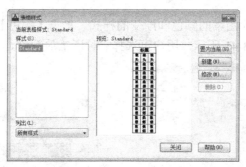

图 3-43　【表格样式】对话框

3.5.2　表格样式设置说明

单击【表格样式】对话框右边的【新建】按钮，在弹出如图 3-44 所示的【创建新的表格样式】对话框中输入新样式名，单击【继续】按钮，弹出【新建表格样式】对话框，如

图 3-45 所示。

图 3-44　【创建新的表格样式】对话框　　　图 3-45　【新建表格样式】对话框

【新建表格样式】对话框中主要选项的说明如下。

（1）起始表格

是选择一个表格用作此表格样式的起始表格。用户可以在图形中指定一个表格用作样式例来设置此表格样式的格式。

（2）常规

设置表格方向。"向下"将创建由上而下读取的表格；"向上"将创建由下而上读取的表格。

（3）单元样式

显示表格中的单元式样，可启动【创建新单元样式】和【管理单元样式】对话框。

可在【常规】选项卡的【填充颜色】下拉列表框中选择一种颜色作为数据或标题表格的颜色。

可在【对齐】下拉列表框中选择表格单元中文字的对正和对齐方式。单击【格式】后面的按钮将弹出【表格单元格式】对话框，从中可以进一步定义格式选项。

在【类型】下拉列表框中可将单元样式指定为标签或数据。

在【页边距】选项组中可设置单元中的文字或块与左右单元边界之间的距离。

3.5.3　插入表格

1. 输入命令

方法一：选择【绘图】→【表格】命令。

方法二：单击绘图工具栏上的按钮。

方法三：在命令行中输入"table"命令。

2. 操作说明

命令启动后，出现【插入表格】对话框，如图 3-46 所示。其主要选项的说明如下。

（1）【表格样式】选项组：在【表格样式】下拉列表框中可以选择一种所需的表格样式。

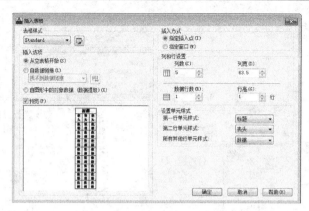

图 3-46　【插入表格】对话框

（2）【插入选项】选项组：【从空表格开始】单选按钮可以创建手动填充数据的空表格。【自数据链接】单选按钮是从外部电子表格中的数据创建表格。

（3）【插入方式】选项组：选中【指定插入点】单选按钮指定表格左上角的位置，可以使用定点设备，也可以在命令提示下输入坐标值。选中【指定窗口】单选按钮时，行数、列数、列宽和行高取决于窗口的大小以及列和行的设置。

（4）【列和行设置】选项组：设置列数、列宽、数据行数和行高。

（5）【设置单元样式】选项组：设置第一行单元样式，设置第二行单元样式，设置所有其他行单元样式。

完成【插入表格】对话框的设置后，单击【确定】按钮，即可将表格插入到图形中，插入后 AutoCAD 弹出文字格式工具栏，这时就可以直接向表格输入文字了，如图 3-47 所示。

图 3-47　在表格中输入文字的界面

3.5.4　编辑表格

当绘制的表格比较复杂时，用【插入表格】命令一般都不能满足实际绘图的要求，这时就需要通过编辑命令编辑表格。

1．编辑表格

选择整个表格，单击鼠标右键，系统将弹出如图 3-48 所示的快捷菜单，可以对表格进行剪切、复制、删除、移动、缩放和旋转等简单操作，也可以调整表格的行、列大小和输出等。

图 3-48 选中整个表格时的快捷菜单

2. 编辑单元格

选择整个表格中的某个单元格后，单击鼠标右键，系统将弹出如图 3-49 所示的快捷菜单，可以对表格进行剪切、复制、删除等操作，也可以插入表格的行、列，还可以合并单元格等。利用夹点功能可以修改原有表格的列宽和行高等。

图 3-49 选中单元格时的快捷菜单

通过设定表格的样式、创建新的表格、插入表格、编辑表格等操作可绘制效果如图 3-50 所示的表格。

门窗表							
门				窗			
编号	尺寸	数量	说明	编号	尺寸	数量	说明
MC₁	2100X2500	6	门连窗	C₁	1500X1600	6	
MC₂	2100X2500	6	门连窗	C₂	1200X1600	8	
M₃	900X2500	12		C₃	1000X1600	6	
M₄	700X2000	12		C₄	600X1200	12	

图 3-50　绘制表格

3.6　上机练习

1．用绘矩形、直线命令绘制如图 3-51 所示的 A3（420×297）图框。

2．用绘多边形、绘直线、图案填充命令绘制如图 3-52 的五角星。

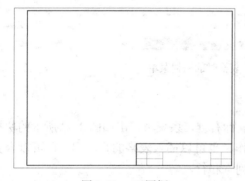

图 3-51　A3 图框

图 3-52　五角星

3．用绘直线、多线、多段线命令绘制如图 3-53 所示的房屋平面图。

4．绘制如图 3-54 所示的三视图。

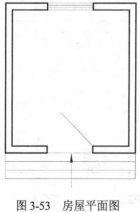

图 3-53　房屋平面图

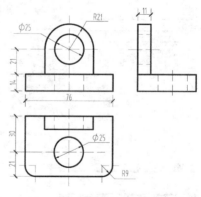

图 3-54　三视图

第4章 图形编辑

4.1 选择对象基本方法

对图形进行编辑操作前，首先应选择编辑对象，该对象是指所绘工程图中的图形、文字、尺寸、剖面线等。当输入一条编辑命令或进行其他某项操作时，系统会提示"选择对象"，这时可从窗口中选择要编辑的对象，对象被选择后以虚线形式显示。在 AutoCAD 中有很多选择对象的方法，可单击对象直接拾取，也可用多边形选取，还可采用选择集的方式进行等。

4.1.1　4种常用的对象选择方式

1. 点选对象

当执行某个编辑命令后，命令窗口提示"选择对象"，这时光标变成拾取框形状，用拾取框直接单击对象，可逐个拾取需选择的对象，此方法一次只能拾取一个对象。若按住 Shift 键的同时单击要选择的对象，则可选择多个对象，命令行会提示已经拾取了多少个对象。

对象被选中后以虚线的形式显示，如图 4-1 中的组合体左轮廓线被选中。在无命令的状态下，对象选择后显示其夹点。

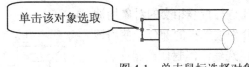

单击该对象选取

图 4-1　单击鼠标选择对象

（无）

提示：拾取框形状的大小可以通过选择【工具】→【选项】命令，然后在弹出对话框的【选择集】选项卡中设置。

2. 窗口选择

该方式是通过绘制一个矩形窗口来选取对象。当出现"选择对象:"提示时，在窗口空白处按住鼠标左键从左向右上方或右下方拖动，框住需选择的对象。如图 4-2（a）所示，从 A 向 B 或从 C 向 D 拖动光标构成的矩形窗口，完全处于窗口内的对象将被选中，如图 4-2(b) 所示。

3. 窗交（交叉窗口）选择对象

窗交选择对象的选择方向正好与窗口选择相反，它是按住鼠标左键从右向左上方或左下方拖动。如图 4-3（a）所示，从 B 向 A 或从 D 向 C 拖动光标构成的矩形窗口，完全处于窗口内的对象和与窗口边界相交的对象都将被选中，如图 4-3（b）所示。

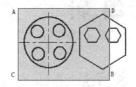 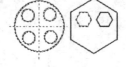

（a）从左向右定义窗口　　　　　　　　　　　（b）选择的结果

图 4-2　用从左向右定义的窗口选择对象

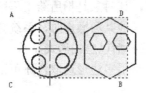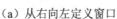 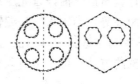

（a）从右向左定义窗口　　　　　　　　　　　（b）选择的结果

图 4-3　用从右向左定义的窗交选择对象

4. ALL 全选

该方式将选中图形中没有被锁定、关闭或冻结层上的所有对象。在出现"选择对象:"提示时输入"ALL"命令，按 Enter 键，图形中的所有对象即被选中。

4.1.2　栏选对象

当命令行出现"选择对象:"提示时，输入"F"，可快速启用栏选对象方式。栏选对象即在选择对象时拖曳出任意折线，凡是与折线相交的对象均被选中。如图 4-4 所示，虚线显示部分为被选择的部分。使用该方式选择连续性对象非常方便，但栏选线不能封闭或相交。

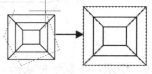

4.1.3　围选对象

图 4-4　栏选对象

当命令行出现"选择对象:"提示时，输入"WP/CP"，可以快速启用围选对象方式，围选对象包括圈围和圈交两种方法。

1. 圈围对象

圈围对象与窗口选择对象的方法类似。不同的是，圈围对象可拖出任意形状的多边形，完全包含在多边形区域内的对象才能被选中。如图 4-5 所示，虚线显示部分为被选择的部分。

2. 圈交对象

圈交对象与窗交选择对象的方法类似。不同的是，圈交对象可绘制任意闭合的多边形

（注：此多边形不能与选择框自身相交或相切），所有与选择多边形相交的对象被选中。如图 4-6 所示，虚线显示部分为被选择的部分。

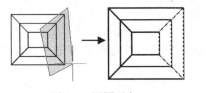

图 4-5　圈围对象

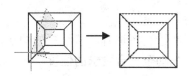

图 4-6　圈交对象

4.1.4　快速选择

AutoCAD 2013 也可根据对象的类型和特性选择对象。例如，只选择图形中所有红色的圆而不选择其他对象，或者选择除红色圆以外的其他对象。

使用快速选择功能可根据指定的过滤条件快速定义选择集。它既可以一次性将指定属性的对象加入选择集，也可将其排除在选择集之外；既可以在整个图形中使用，也可以在已有的选择集中使用，还可以指定选择集用于替换还是将其附加到当前选择集中。

AutoCAD 2013 中打开【快速选择】对话框的方法有如下 3 种。

方法一：在功能区，单击【常用】选项卡→【实用工具】面板→【快速选择】按钮 。

方法二：选择【工具】→【快速选择】命令。

方法三：运行命令 qselect。

调用该命令后，系统将弹出一个如图 4-7 所示的【快速选择】对话框。该对话框中各选项的含义如下。

（1）应用到：指定选择过滤条件的应用范围。如果没有选择任何对象，则应用范围默认为【整个图形】，即在整个图形中应用过滤条件；如果选择了一定量的对象，则应用范围默认为【当前选择】，即在当前选择集中应用过滤条件，过滤后的对象必然为当前选择集中的对象。也可单击【选择对象】按钮 选择应用过滤条件的对象。

图 4-7　【快速选择】对话框

（2）对象类型：指定包含在过滤条件中的对象类型。如果过滤条件应用于整个图形，则【对象类型】下拉列表框包含全部的对象类型，包括自定义。否则，该列表只包含选定对象的对象类型。

（3）特性：指定过滤器的对象特性。

（4）运算符：控制过滤器中对象特性的运算范围。

（5）值：指定过滤器的特性值。

（6）如何应用：指定符合给定过滤条件的对象，包括在新选择集中或是排除在新选择集之外。

（7）【附加到当前选择集】复选框：指定新创建的选择集替换还是附加到当前选择集。

4.2 改变图形位置

在绘制图形时，若绘制的图形位置有误，就可使用改变图形位置的方法，将图形移动或者拖动至符合要求的位置。

4.2.1 移动

移动对象是指对对象进行重新定位，可以在指定方向上按指定距离移动对象，对象的位置将发生改变，但方向和大小不改变。移动对象的命令方法如下。

方法一：在功能区，单击【常用】选项卡→【修改】面板→【移动】按钮 ✛。

方法二：选择【修改】→【移动】命令。

方法三：单击修改工具栏上的【移动】按钮 ✛。

方法四：在命令行中输入"move"或"m"命令。

使用上述任何一种方法后，命令窗口提示：

> 命令: _move
> 选择对象：（选择需要移动的对象）
> 选择对象：（按 Enter 键结束选择）
> 指定基点或 [位移(D)]<位移>:

命令窗口提示信息的含义如下。

（1）指定基点：为默认项，在窗口中单击或以键盘输入形式给出基点坐标，命令窗口提示：

> MOVE 指定第二点或 <使用第一个点作位移>:

指定第二点后，将按基点和第二点确定的位移矢量移动对象到新位置。

（2）位移(D)：根据位移量移动对象，命令窗口提示：

> 指定基点或 [位移(D)] <位移>: D✓
> 指定位移 <0.0000, 0.0000, 0.0000>: （输入位移量，如"100,50,0"）

在命令窗口提示行直接输入移动位移量后按 Enter 键，将按输入的位移量移动对象到新位置。

【例 4-1】把图 4-8（a）中的椭圆移动到矩形中，效果如图 4-8（b）所示。

（a）移动前　　　　　（b）移动后

图 4-8　移动对象前后的对比图

操作步骤如下。

命令：_move
选择对象：找到 1 个 （用点选椭圆）
选择对象：（按↙、空格键或右击鼠标）
指定基点或 [位移(D)] <位移>： 指定第二个点或 <使用第一个点作为位移>：（用圆心捕捉模式拾取椭圆中心作为基点，然后拾取矩形对称中心点作为目标点）

△ 提示：使用 move（移动）命令移动图形将改变图形的实际位置，从而使图形产生物理上的变化；而使用 pan（实时平移）命令移动图形只能在视觉上调整图形的显示位置，并不能使图形发生物理上的变化。

4.2.2 旋转

旋转对象是指在不改变对象大小的情况下，使之绕着某一基点旋转指定角度的过程。旋转对象的命令方法如下。

方法一：在功能区，单击【常用】选项卡→【修改】面板→【旋转】按钮 ↻ 。
方法二：选择【修改】→【旋转】命令。
方法三：单击修改工具栏上的【旋转】按钮 ↻ 。
方法四：在命令行中输入"rotate"命令。
使用上述任何一种方法后，命令窗口提示：

命令：_rotate
选择对象： （选择需要旋转的对象）
选择对象： （按 Enter 键结束选择）
指定基点： （指定旋转的基点）
指定旋转角度，或 [复制(C)/参照(R)]：

命令窗口提示信息的含义如下。

（1）指定旋转角度：为默认项，直接输入旋转角度后按 Enter 键或通过拖动方式确定旋转角度，对象将按该角度绕基点转动，角度为正，则逆时针旋转；角度为负，则顺时针旋转。

（2）复制(C)：以复制形式旋转对象，原对象仍保留在原位置。

指定旋转角度，或 [复制(C)/参照(R)]： C↙
指定旋转角度，或 [复制(C)/参照(R)]： （输入旋转角度的值，按 Enter 键）

（3）参照(R)：对象将按参照角度旋转，需要依次输入参照角的值和新角度的值，对象的旋转角度=新角度的值-参照角的值。

指定旋转角度，或 [复制(C)/参照(R)]： R↙
指定参照角： （输入参照角度的值，按 Enter 键）
指定新角度或 [点(P)]：（输入新旋转角度的值按 Enter 键或输入"P"按 Enter 键确定新角度的值）

【例 4-2】将图 4-9（a）中的对象旋转回图 4-9（c）的状态。

  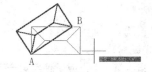

（a）对象选择　　　　　（b）指定参照角与新角　　　　（c）旋转结果

图 4-9　按参照角度旋转对象

操作步骤如下。

命令: _rotate

选择对象:（选择要旋转的对象，如图 4-9（a）所示）

选择对象:（按✓）

指定基点:（用鼠标拾取 A 点作为旋转基点，如图 4-9（b）所示）

指定旋转角度，或 [复制(C)/参照(R)] <0>: r　（输入"r"选择以参照形式旋转对象，并按✓）

指定参照角度<0>:（此时鼠标依次单击图 4-9（b）中的 A 点和 B 点）

指定新角度或[点(P)]<0>:（输入"0"后按✓或者在 X 轴正方向上单击任意点，可将对象按照 A、B 两点的直线旋转到 0 度角方向）

4.3　改变图形大小

在 AutoCAD 中，有一类命令可改变图形的大小，如缩放、拉伸、拉长等，使用这些命令可免除重画的繁琐，从而提高绘图效率。

4.3.1　缩放

缩放对象就是将所选择的对象相对于基点按指定的比例放大或缩小。缩放对象的命令方法如下。

方法一：在功能区，单击【常用】选项卡→【修改】面板→【缩放】按钮。

方法二：选择【修改】→【缩放】命令。

方法三：单击修改工具栏上的【缩放】按钮。

方法四：在命令行中输入"scale"命令。

使用上述任何一种方法后，命令窗口提示：

命令: _scale

选择对象:　（选择需要缩放的对象）

选择对象:　（按 Enter 键结束选择）

指定基点:　（指定缩放的基点）

指定比例因子或 [复制(C)/参照(R)]:

命令窗口提示信息的含义如下。

（1）指定比例因子：为默认项，直接输入比例因子后按 Enter 键，对象将根据比例因子相对于基点进行缩放。当比例因子大于 0 而小于 1 时，缩小对象；当比例因子大于 1 时，放大对象。

（2）复制(C)：以复制形式放大或缩小对象，原对象保留在原位置。

指定比例因子或 [复制(C)/参照(R)]:　C↙
指定比例因子或 [复制(C)/参照(R)]:　（输入比例因子，按 Enter 键）

（3）参照(R)：对象将按参照的方式缩放对象，需要依次输入参照长度的值和新的长度值，对象的缩放比例因子=新的长度值/参照长度的值。

指定比例因子或 [复制(C)/参照(R)]:　R↙
指定参照长度:　（输入参照长度的值，按 Enter 键）
指定新的长度或 [点(P)]:　（输入新长度的值，按 Enter 键或输入"P"按 Enter 键确定新长度的值）

【例 4-3】用复制形式以 2 倍比例缩放图 4-10（a）中的圆，效果如图 4-10（b）所示。

（a）复制前　　　　　（b）复制后

图 4-10　复制缩放对象

操作步骤如下。

命令: _scale
选择对象: 找到 1 个　（拾取圆上任意点）
选择对象:　（按↙）
指定基点:　（拾取圆心点）
指定比例因子或 [复制(C)/参照(R)] <1.0000>:　c　（输入"c"并按↙）
缩放一组选定对象。
指定比例因子或 [复制(C)/参照(R)] <1.0000>:　2　（输入"2"并按↙）

4.3.2　拉长

拉长图形就是改变原图形的长度，可以把原图形变长或缩短。用户可以通过指定一个长度增量、角度增量（对于圆弧）、总长度或者相对于原长的百分比增量来改变原图形的长度，也可通过动态拖动的方式直接改变原图形的长度。拉长对象的命令方法如下。

方法一：选择【修改】→【拉长】命令。

方法二：在命令行中输入"lengthen"或"len"命令。

方法三：在功能区，单击【常用】选项卡→【修改】面板→【拉长】按钮 。

使用上述任何一种方法后，命令窗口提示：

命令: _lengthen

选择对象或 [增量(DE)/百分数(P)/全部(T)/动态(DY)]:

命令窗口提示信息的含义如下。

（1）选择对象：为默认项，选择要改变长度的对象。选择对象后，命令窗口将显示选中对象的数值。如果对象是直线，则显示直线的长度；如果对象是圆弧，则显示弧长和圆心角，返回到原提示。

选择对象或 [增量(DE)/百分数(P)/全部(T)/动态(DY)]:

（2）增量(DE)：用于设置直线或圆弧的长度增量。

选择对象或 [增量(DE)/百分数(P)/全部(T)/动态(DY)]: DE✓
输入长度增量或 [角度(A)]:

① 输入长度增量：为默认项，直接输入直线或圆弧的长度增量值，按 Enter 键后命令窗口提示：

选择要修改的对象或 [放弃(U)]:

选取要改变长度的直线或圆弧，所选圆弧或直线在距拾取点近的一端按指定的长度变长或变短。长度增量为正时，对象变长；长度增量为负时，对象变短。

② 角度(A)：用角度方式改变圆弧的长度。

输入长度增量或 [角度(A)]: A✓
输入角度增量:

输入圆弧角度的增量值，按 Enter 键后命令窗口提示：

选择要修改的对象或 [放弃(U)]:

选取要改变长度的圆弧，所选圆弧在距拾取点近的一端按指定的角度变长或变短。角度增量为正时，圆弧变长；角度增量为负时，圆弧变短。

（3）百分数(P)：按对象总长百分比的形式改变圆弧或直线的长度。

选择对象或 [增量(DE)/百分数(P)/全部(T)/动态(DY)]: P✓
输入长度百分数:

输入百分比数值，按 Enter 键后命令窗口提示：

选择要修改的对象或 [放弃(U)]:

选取要改变长度的直线或圆弧，所选圆弧或直线在距拾取点近的一端按指定的百分比变长或变短。当百分比大于 100% 时，对象变长；当百分比小于 100% 时，对象变短。

（4）全部(T)：通过输入直线或圆弧的新长度或圆弧的新角度来改变对象长度。

选择对象或 [增量(DE)/百分数(P)/全部(T)/动态(DY)]: T✓
指定总长度或 [角度(A)]:

① 指定总长度：为默认项，直接输入直线或圆弧的新长度值，按 Enter 键后命令窗口提示：

选择要修改的对象或 [放弃(U)]:

选取要改变长度的直线或圆弧，所选直线或圆弧在距拾取点近的一端按指定的长度变长或变短。

② 角度(A)：输入圆弧新角度值，按 Enter 键后命令窗口提示：

选择要修改的对象或 [放弃(U)]:

选取要改变长度的圆弧，所选圆弧在距拾取点近的一端按指定的角度变长或变短。

（5）动态(DY)：动态地改变直线或圆弧的长度。

选择对象或 [增量(DE)/百分数(P)/全部(T)/动态(DY)]: DY✓
选择要修改的对象或 [放弃(U)]:

选取对象后，命令窗口提示：

指定新端点:

通过拖动鼠标就可以动态地改变圆弧或直线的端点位置，达到改变直线或圆弧长度的目的。

【例 4-4】拉长圆弧，效果如图 4-11（b）所示。

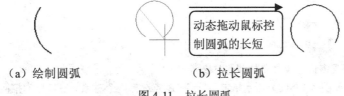

（a）绘制圆弧　　　　　　　　（b）拉长圆弧

图 4-11　拉长圆弧

操作步骤如下。

命令:arc（绘制一条圆弧如图 4-11（a）所示）
命令:__lengthen
选择对象或 [增量(DE)/百分数(P)/全部(T)/动态(DY)]:DY（按✓）
选择要修改的对象或[放弃]: （鼠标左键单击圆弧左上端（或右下端））
指定新端点: （拖动鼠标来确定圆弧的新端点）
选择要修改的对象或[放弃]: （按✓结束命令）

4.3.3　拉伸

拉伸对象就是对所选对象通过沿拉伸路径平移图形夹点的位置，使图形产生拉伸变形的效果。拉伸对象的命令方法如下。

方法一：单击修改工具栏上的【拉伸】按钮。

方法二：选择【修改】→【拉伸】命令。

方法三：在命令行中输入"stretch"或"s"命令。

方法四：在功能区，单击【常用】选项卡→【修改】面板→【拉伸】按钮 。

使用上述任何一种方法后，命令窗口提示：

命令:_stretch

以交叉窗口或交叉多边形选择要拉伸的对象…

选择对象:（指定交叉窗口的一个角点）指定对角点：（指定交叉窗口的另一个角点）

选择对象:（可继续选择要拉伸的对象，按 Enter 键结束选择）

指定基点或 [位移(D)] <位移>:（指定拉伸的基点或输入"D"后按 Enter 键，输入位移量）

指定第二个点或 <使用第一个点作为位移>:（指定拉伸的目的点或直接按 Enter 键）

操作完成后，将会移动全部位于交叉窗口之内的对象，而拉伸（或压缩）与交叉窗口边界相交的对象，即位于交叉窗口内的端点将被移动，而位于交叉窗口外的端点将保持不变。

【例 4-5】拉伸如图 4-12 所示图形中的右部分。

（a）拉伸前　　　　　（b）拉伸后

图 4-12　拉伸对象实例

操作步骤如下。

命令:_stretch

以交叉窗口或交叉多边形选择要拉伸的对象...

选择对象:（按如图 4-13（a）所示指定 A 点和 B 点选择整个对象的右部分为拉伸对象，注意从 A 点到 B 点选择为从右到左确定选择窗口，即交叉窗口选择。确定选择窗口后右击完成对象的选择）

指定基点或 [位移(D)] <位移>:（在屏幕中拾取圆心点作为拉伸基点，如图 4-13（b）所示）

指定第二个点或 <使用第一个点作为位移>:（此时指定拉伸的第二点 C 点，如图 4-13（c）所示）

（a）用交叉窗口选择对象　　　（b）指定拉伸基点　　　　（c）指定拉伸的第二个点

图 4-13　拉伸操作过程

从以上拉伸实例来看，在图 4-13（a）中，交叉窗口包括三角形和圆以及与之相交的三条平行线。三角形和圆均全部在交叉窗口中，因此在拉伸后形状和大小均没有发生改变，只是移动了位置；而 3 条平行线均与交叉窗口相交，只有一部分在窗口中，因此拉伸以后在窗口中的 3 个端点（即三角形的 3 个顶点）位置发生改变，而不在窗口中的 3 个端点位置不变，图 4-12 为两个图形的对比。

提示：（1）拉伸对象至少有一个顶点或端点包含在选择的交叉窗口内，完全位于窗口内部的对象将被移动。如果圆的圆心、块的插入点、文字字符串的左端点位于选择窗口之内，则对象将会被移动。（2）只能以交叉窗口或交叉多边形选择被拉伸的对象。

4.4 改变图形形状

在绘制图形后，可能发现存在一些问题，如多了一根线条，或者某条线段画短或画长了，某些直角需要变为弧形等。这时可以不用重画，而是使用 AutoCAD 中的一些修改命令修改图形，如删除、修剪、延伸、圆角、倒角等，使其达到要求。

4.4.1 删除

在 AutoCAD 中，对于多余的对象，可以使用【删除】命令，删除选中的对象。

调用【删除】命令的方法如下。

方法一：单击修改工具栏上的【删除】按钮 。

方法二：选择【修改】→【删除】命令。

方法三：在命令行中输入 "erase" 或 "e" 命令。

方法四：在功能区，单击【常用】选项卡→【修改】面板→【删除】按钮 。

使用上述任何一种方法后，命令窗口提示：

命令: _erase
选择对象:

选择需删除的对象，按 Enter 键或空格键结束选择，同时删除已选择的对象。

提示：（1）比【删除】命令更快捷的删除操作是选择对象后按 Delete 键。（2）运行 undo 命令可恢复上一次的操作，包括所有的操作。（3）使用 oops 命令可以恢复最近使用 erase、block 或 wblock 命令删除的所有对象。

【例 4-6】删除如图 4-14 中的 4 个小圆。

（a）删除前   （b）删除后

图 4-14 部分对象被删除前后的效果对比

操作步骤如下。

命令: erase
选择对象: 找到 1 个　（拾取其中一个小圆）
选择对象: 找到 1 个，总计 2 个　（拾取另外未选择的小圆）
选择对象: 找到 1 个，总计 3 个　（拾取另外未选择的小圆）
选择对象: 找到 1 个，总计 4 个　（拾取另外未选择的小圆）
选择对象:　（按↙结束命令）

4.4.2　修剪

修剪对象可使它们精确地终止于由其他对象定义的边界。剪切边定义了被修剪对象的终止位置。注意什么是剪切边，什么是被剪切的对象。在图 4-15 中样条曲线是剪切边，而被剪切的是轴的两条轮廓线。

（a）修剪前　　　　　　　　（b）修剪后

图 4-15　修剪对象

修剪对象的命令方法如下。

方法一：在功能区，单击【常用】选项卡→【修改】面板→【修剪】按钮。

方法二：选择【修改】→【修剪】命令。

方法三：单击修改工具栏上的【修剪】按钮。

方法四：在命令行中输入"trim"或"tr"命令。

使用上述任何一种方法后，命令窗口提示：

命令: _trim
当前设置: 投影=UCS，边=无
选择剪切边...
选择对象或 <全部选择>:　（选择作为剪切边的对象）
选择对象:　（按 Enter 键结束选择）
选择要修剪的对象，或按住 Shift 键选择要延伸的对象，或
[栏选(F)/窗交(C)/投影(P)/边(E)/删除(R)/放弃(U)]:

命令窗口提示信息的含义如下。

（1）选择要修剪的对象：为默认项，选择要修剪的对象，则以剪切边为界，剪切掉被剪切对象位于拾取点一侧的部分。

（2）按住 Shift 键选择要延伸的对象：当被修剪的对象与剪切边不相交时，如果按下 Shift 键可以切换到另一个命令：延伸（extend），选取被延伸的对象时，剪切边将变为延伸边界，将选择的对象延伸至与剪切边界相交。

（3）栏选(F)：以栏选方式选择要修剪的对象。

（4）窗交(C)：以窗交选择方式选择要修剪的对象。

（5）投影(P)：指定修剪对象时使用的投影方式。

（6）边(E)：设置对象是在另一对象的延长边处进行修剪，还是仅在三维空间中与该对象相交的对象处进行修剪。

（7）删除(R)：用于删除指定的对象。

（8）放弃(U)：取消上一次操作。

【例 4-7】已知图 4-16（a）所示的图形（图中的矩形是用 line 命令绘制的），对其进行修剪，效果如图 4-16（b）所示。

（a）修剪前　　　　　　　（b）修剪后

图 4-16　修剪对象实例

绘图步骤如下。

命令：_trim

选择剪切边…

选择对象或 <全部选择>：依次选择 2 个圆和 2 条水平直线

选择要修剪的对象，或按住 Shift 键选择要延伸的对象，或[栏选(F)/窗交(C)/投影(P)/边(E)/删除(R)/放弃(U)]:E（执行【边(E)】选项）

选择要修剪的对象，或按住 Shift 键选择要延伸的对象，或[栏选(F)/窗交(C)/投影(P)/边(E)/删除(R)/放弃(U)]:（分别选择要修剪的水平线，并在对应的 2 条水平直线之上和之下拾取位于右侧的垂直线，效果如图 4-16 所示）

选择要修剪的对象，或按住 Shift 键选择要延伸的对象，或[栏选(F)/窗交(C)/投影(P)/边(E)/删除(R)/放弃(U)]:（按✓结束）

4.4.3　延伸

延伸是与修剪相对的操作，延伸对象是使对象精确地延伸至由其他对象定义的边界。同样，在使用延伸时，也要注意什么是延伸边界，什么是被延伸的对象。

延伸对象的命令方法如下。

方法一：在功能区，单击【常用】选项卡→【修改】面板→【延伸】按钮 。

方法二：选择【修改】→【延伸】命令。

方法三：单击修改工具栏上的【延伸】按钮 。

方法四：在命令行中输入"extend"或"ex"命令。

使用上述任何一种方法后，命令窗口提示：

命令：_extend

当前设置：投影=UCS，边=无

选择边界的边...

选择对象或 <全部选择>: （选择作为边界边的对象）

选择对象: （可按 Shift 键选择多个作为边界边的对象，按 Enter 键结束选择）

选择要延伸的对象，或按住 Shift 键选择要修剪的对象，或[栏选(F)/窗交(C)/投影(P)/边(E)/放弃(U)]:

延伸的操作过程与修剪相同，也是先选择延伸边界的边，然后选择要延伸的对象。同样，按住 Shift 键将执行修剪操作。中括号中的各个选项的含义与修剪命令相同。

【例 4-8】将图 4-17（a）所示图形中的水平线向右延伸，效果如图 4-17（b）所示。

（a）延伸前　　　　　　　（b）延伸后

图 4-17　延伸操作

绘图步骤如下。

命令: _extend

选择边界的边...

选择对象或 <全部选择>: （选择右侧垂直直线为延伸边界的边，按↙）

选择被延伸的对象，或按住 Shift 键选择要修剪的对象，或[栏选(F)/窗交(C)/投影(P)/边(E)/放弃(U)]:
（在水平线的右端点附近拾取水平线，效果如图 4-17（b）所示。最后按 Enter 键完成延伸操作）

🔔提示: 在修剪操作中，选择修剪对象时按住 Shift 键，可以将该对象向边界延伸；在【延伸】命令中，选择延伸对象时按住 Shift 键，可剪切掉该对象超过边界的部分，从而节省更换命令的操作，大大提高绘图的效率。

4.4.4　倒角

倒角可以连接两个对象，使它们以平角或倒角相接。在 AutoCAD 中，可被倒角的对象一般为直线型对象，包括直线、多段线、射线、构造线和三维实体。在 AutoCAD 中通过指定两个被倒角的对象绘制倒角。

倒角的命令方法如下。

方法一：在功能区，单击【常用】选项卡→【修改】面板→【倒角】按钮◁·右边的黑三角按钮。

方法二：选择【修改】→【倒角】命令。

方法三：单击修改工具栏上的【倒角】按钮▱。

方法四：在命令行中输入"chamfer"命令。

使用上述任何一种方法后，命令窗口提示：

命令: _chamfer

（"修剪"模式）当前倒角距离 1 = 0.0000，距离 2 = 0.0000

选择第一条直线或 [放弃(U)/多段线(P)/距离(D)/角度(A)/修剪(T)/方式(E)/多个(M)]:

第一行显示了当前的倒角设置。

命令窗口提示信息的含义分别如下。

（1）选择第一条直线：为默认项，选取要倒角的第一条直线，命令窗口提示：

选择第二条直线，或按住 Shift 键选择要应用角点或[距离(D)角度(A)方法(M)]:

选择要倒角的另一条直线，则按当前倒角设置对选定的两条直线进行倒角，如图 4-18 所示。如果按住 Shift 键选择另一条直线，则这两条直线延伸后相交。

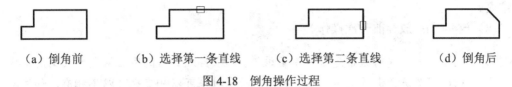

（a）倒角前　　　　（b）选择第一条直线　　　（c）选择第二条直线　　　　（d）倒角后

图 4-18　倒角操作过程

（2）多段线(P)：对整个二维多段线倒角。选择该选项后可一次性对每个多段线顶点倒角。倒角后的多段线成为新线段。

（3）距离(D)：设置倒角至选定边端点的两个距离。选择该选项后命令窗口提示：

指定第一个倒角距离 <默认值>：　（输入第一条边的倒角距离值后按↙）
指定第二个倒角距离 <默认值>：　（输入第二条边的倒角距离值后按↙）

这里的"第一个倒角距离"和"第二个倒角距离"对应于在倒角操作过程中选择的第一个倒角对象和第二个倒角对象，如图 4-19 所示。

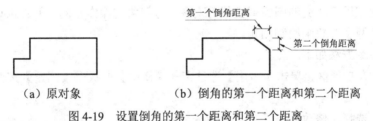

（a）原对象　　　　　　　　（b）倒角的第一个距离和第二个距离

图 4-19　设置倒角的第一个距离和第二个距离

（4）角度(A)：设置第一条直线的倒角距离和倒角角度，如图 4-20 所示。选择该选项后命令窗口提示：

指定第一条直线的倒角长度 <默认值>：　（输入倒角距离值后按↙）
指定第一条直线的倒角角度 <默认值>：　（输入倒角角度后按↙）

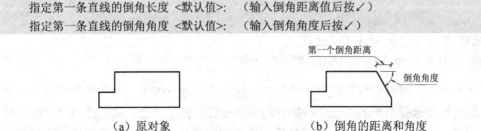

（a）原对象　　　　　　　　　（b）倒角的距离和角度

图 4-20　设置倒角的距离和角度

（5）修剪(T)：确定倒角时是否对相应的倒角边进行修剪，如图 4-21 所示。

（a）原对象	（b）修剪	（c）不修剪

图 4-21　设置倒角是否修剪

（6）方式(E)：设置使用两个距离还是一个距离和一个角度创建倒角。

（7）多个(M)：为多组对象的边倒角。选择该选项后倒角命令将重复，直到用户按 Enter 键结束。

（8）放弃(U)：放弃前一次操作。

🔔 提示：（1）倒角创建前通常先进行倒角设置。（2）当设置的倒角距离太大或倒角角度无效时，系统会出现提示。（3）倒角的两个对象可以相交也可以不相交，如果不相交 AutoCAD 2013 自动将对象延伸并用倒角相连接，但不能对两个相互平行的对象进行倒角操作。

4.4.5　圆角

圆角可以创建用指定半径的圆弧连接两个对象。在 AutoCAD 中，可以被圆角的对象包括圆和圆弧、椭圆和椭圆弧、直线、多段线、射线、样条曲线、构造线和三维实体，既可以创建内圆角，也可以创建外圆角。

一般圆角应用于相交的圆弧或直线等对象。与倒角的操作相同，在 AutoCAD 中也是通过指定圆角的两个对象来绘制圆角。

圆角的命令方法如下。

方法一：在功能区，单击【常用】选项卡→【修改】面板→【圆角】按钮 🔲▾ 右边的黑三角按钮。

方法二：选择【修改】→【圆角】命令。

方法三：单击修改工具栏上的【圆角】按钮 🔲。

方法四：在命令行中输入"fillet"命令。

使用上述任何一种方法后，命令窗口提示：

```
命令：_fillet
当前设置：模式 = 修剪，半径 = 0.0000
选择第一个对象或 [放弃(U)/多段线(P)/半径(R)/修剪(T)/多个(M)]:
```

第一行显示了当前的圆角设置为修剪模式，圆角半径为 0.0000。圆角的操作过程与倒角相同，此时也是选择圆角的第一个对象，随后命令行将提示"选择第二个对象，或按住 Shift 键选择要应用角点的对象："。中括号里各选项的意义基本上与倒角的相同，不同的是"半径(R)"选项用于设置圆角的半径。

在 AutoCAD 2013 中创建图形圆角时，能快速预览圆角效果，如图 4-22 所示。

图 4-22 预览圆角效果

🔔 提示：（1）圆角创建前通常先进行圆角设置。（2）如果对象过短无法容纳圆角半径，则
不对这些对象创建圆角。（3）圆角的两个对象可以相交也可以不相交，与倒角不
同，圆角用于两个相互平行的对象时，无论圆角半径设置的是何值，都是用半圆
弧将两个平行对象连接起来。

4.4.6 断开

打断对象是指将对象在某点处打断（即一分为二），或在两点之间打断对象，即删除位
于两点之间的那部分对象，如图 4-23 所示。

（a）已有图形　　　　　　　　　　（b）打断中心线后的效果

图 4-23 打断示例

打断对象的命令方法如下。

方法一：在功能区，单击【常用】选项卡→【修改】面板→【打断】按钮。

方法二：选择【修改】→【打断】命令。

方法三：单击修改工具栏上的【打断】按钮。

方法四：在命令行中输入"break"或"br"命令。

使用上述任何一种方法后，命令窗口提示：

命令：_break
选择对象：

此时选择要打断的对象，命令行继续提示：

指定第二个打断点 或 [第一点(F)]:

此时提示的是指定第二个打断点，AutoCAD 2013 默认第一个打断点为选择对象时所拾
取的那个点。此时也可以选择"第一点(F)"重新选择第一个打断点。打断的操作过程如
图 4-24 所示。

实际上，没有间隙的打断称为"打断于点"，有间隙的打断称为"打断"。在修改工具
栏有两个相应的按钮，即和按钮，但是在【修改】菜单只有一个【打断】命令。【打
断于点】按钮是打断的一个派生按钮，即两个打断点重合的打断。其操作过程如图 4-25 所示。

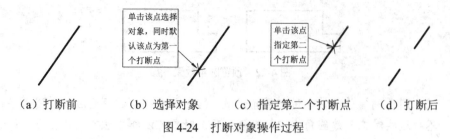

（a）打断前　　　　（b）选择对象　　（c）指定第二个打断点　　（d）打断后

图 4-24　打断对象操作过程

单击修改工具栏上的【打断于点】按钮┌后，命令行提示"_break 选择对象："，此时选择要打断的对象，如图 4-25（b）所示。随后命令行继续提示：

指定第二个打断点　或 [第一点(F)]: _f
指定第一个打断点：

命令行自动输入"f"，此时只需指定一个打断点，如图 4-25（c）所示。打断前后的对象如图 4-25（a）和图 4-25（d）所示，由夹点可以看出直线在打断点处被打断成了两条直线。

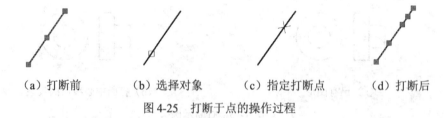

（a）打断前　　　　（b）选择对象　　　（c）指定打断点　　　（d）打断后

图 4-25　打断于点的操作过程

🔔 提示：（1）若断开对象为圆弧，则删除第一点与第二点之间沿逆时针方向的圆弧。
　　　　（2）若输入的第二点不在直线上，则由第二点向直线作垂线，删除第一点和垂足之间的线段。（3）若输入的第二点不在圆弧上，则第二点与圆心的连线和圆弧有一个交点，删除第一点与交点之间的圆弧。（4）在"指定第二个打断点或[第一点(F)]:"提示下，可以将光标移动偏离拾取点，然后输入要删除的长度，则从拾取点开始，删除偏离方向上的指定直线或圆弧的长度。

4.4.7　分解

分解对象就是将由多个对象组成的合成对象（如块、多段线、尺寸标注等）分解成单个对象，方便对单个对象进行编辑，分解的命令方法如下。

方法一：在功能区，单击【常用】选项卡→【修改】面板→【分解】按钮。

方法二：选择【修改】→【分解】命令。

方法三：单击修改工具栏上的【分解】按钮。

方法四：在命令行中输入"explode"或"x"命令。

使用上述任何一种方法后，命令窗口提示：

命令: _explode
选择对象：

选择需要分解的对象后按 Enter 键，可把组合对象分解。

4.4.8 合并

合并可以将相似的对象合并为一个对象。例如，将两条直线合并为一条，将多个圆弧合并成圆。合并可用于圆弧、椭圆弧、直线、多段线和样条曲线，但是合并操作对象有诸多限制。

合并的命令方法如下。

方法一：单击【修改】→【合并】命令。

方法二：单击修改工具栏上的 ➳ 按钮。

方法三：在命令行中输入"join"命令。

方法四：在功能区，单击【常用】选项卡→【修改】面板→【合并】按钮 ➳。

使用上述任何一种方法后，命令窗口提示：

命令：_join
选择源对象：

此时可选择一条直线、多段线、圆弧、椭圆弧、样条曲线或螺旋作为合并操作的源对象，选择完成后，根据选择对象的不同，命令行提示也不同，并且对所选择的合并到源的对象也有限制，否则合并操作不能进行。

（1）如果所选的对象为直线，则命令行提示：

选择要合并到源的直线：

要求参与合并的直线必须共线（位于同一无限长的直线上），它们之间可以有间隙，如图 4-26（a）中的 3 根直线位于同一条无限长的直线上，且它们有间隙，它们能合并成一个对象，合并后如图 4-26（b）所示。而像图 4-26（c）这种不在同一条无限长直线上的直线就不能合并。

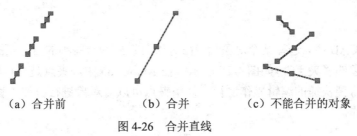

（a）合并前　　　　　　（b）合并　　　　　（c）不能合并的对象

图 4-26　合并直线

（2）如果所选的对象为多段线，则命令行提示：

选择要合并到源的对象：

可以将直线、多段线或圆弧等合并为多段线，但要求对象之间不能有间隙，并且必须位于与 UCS 的 XY 平面平行的同一平面上。

（3）如果所选的对象为圆弧，则命令行提示：

选择圆弧，以合并到源或进行 [闭合(L)]:

和直线的要求一样，被合并的圆弧则要求在同一个假想的圆上，它们之间可以有间隙。如图 4-27（a）所示的圆弧可以合并成一条圆弧，合并后如图 4-27（b）中所示，而如图 4-27（c）所示的圆弧则不能合并。"闭合(L)"选项可将源圆弧转换成圆。

（a）合并前   （b）合并后   （c）不能合并的对象

图 4-27   合并圆弧

（4）如果所选的对象为椭圆弧，则命令行提示：

选择椭圆弧，以合并到源或进行 [闭合(L)]:

🔔 提示：（1）要合并的椭圆弧须有相同的椭圆半径和圆心。（2）当执行【闭合(L)】选项时，可以将选择的源椭圆弧转换为椭圆。（3）合并两条或多条圆弧、椭圆弧时，将从源对象开始按逆时针方向合并。

（5）如果所选的对象为样条曲线或螺旋，则命令行提示：

选择要合并到源的样条曲线或螺旋:

样条曲线和螺旋对象必须相接（端点对端点），结果对象成为单个样条曲线。

4.5   夹   点   修   改

在 AutoCAD 中，选择某个对象后，在对象上将显示一些小的蓝色正方形框，这些小方框被称为对象的"夹点"，如图 4-28 所示。在 AutoCAD 中，夹点是一种集成的编辑模式，提供了一种方便快捷的编辑操作途径。使用夹点可以对对象进行拉伸、移动、旋转、缩放或镜像等操作。

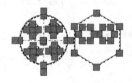

图 4-28   对象上的夹点

利用夹点进行编辑操作时，选择的对象不同，在对象上显示出的夹点数量与位置也不同，如表 4-1 所示。

表4-1 AutoCAD对夹点的规定

对 象 类 型	夹 点 位 置
线段	两个端点和中点
多段线	直线段、圆弧段上的中点和两端点
样条曲线	拟合点和控制点
射线	起点和线上的一点
构造线	控制点和线上邻近两点
圆弧	两个端点、中点和圆心
圆	各象限点和圆心
椭圆	各象限点和椭圆中心点
椭圆弧	两个端点、中点和椭圆弧中心点
文字（用 dtext）命令标注	文字行定位点和第二个对齐点（设置对正选项时显示）
文字（用 mtext）命令标注	各顶点
属性	文字行定位点
尺寸	尺寸线端点和尺寸界线的起点、尺寸文字的中心点

使用夹点编辑对象时，先选择要编辑的对象显示其夹点，拾取其中一个夹点作为操作基点（也称热点夹点，热点夹点以高亮度显示），然后在命令行中输入相应的命令或使用快捷键或单击鼠标右键选择相应命令进行编辑对象。

🔔 提示：夹点的大小和颜色可在【工具】→【选项】→【选择集】选项卡中设置。

4.5.1 利用夹点拉伸对象

利用夹点拉伸对象就是将所选对象的夹点从一个位置移到另一位置，从而改变对象的大小和形状，如图 4-29 所示。

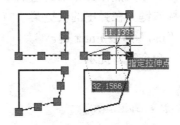

图 4-29 使用夹点拉伸对象的过程示例图

在窗口中单击要编辑的对象，将显示对象的夹点，单击其中的一个夹点作为拉伸的基点后，命令窗口提示：

```
** 拉伸 **
指定拉伸点或 [基点(B)/复制(C)/放弃(U)/退出(X)]:
```

命令窗口提示信息的含义如下。

（1）指定拉伸点：为默认项，指定拉伸后基点的新位置，可通过鼠标直接在窗口中拾取点或通过输入坐标的方式来确定。确定拉伸点后，对象将被拉伸或移动到新的位置。若拉伸的夹点为文字、块、直线中点、圆心、椭圆中心和点，只能移动对象而不能拉伸对象。

（2）基点(B)：取消原来的拉伸基点，重新确定新的拉伸基点。

（3）复制(C)：可以进行多次拉伸复制操作，即在保持原来选中热点夹点的实体大小位置不变的情况下，复制多个相同的图形，并且这些对象都将被拉伸。命令窗口提示：

> 指定拉伸点或 [基点(B)/复制(C)/放弃(U)/退出(X)]： C↙
> ** 拉伸 (多重) **

（4）放弃(U)：取消上一次的基点或复制操作。

（5）退出(X)：退出当前的操作模式。

🔔 **提示：** 要使用多个夹点拉伸多个对象时，先按住 Shift 键选择要拉伸的若干个对象，然后单击多个夹点使其亮显。松开 Shift 键并通过单击一个夹点作为基点进行拉伸。

4.5.2 利用夹点移动对象

利用夹点移动对象就是通过移动对象的夹点，从而将对象从一个位置平移到另一个位置，对象的方向和大小并不会改变，如图 4-30 所示。

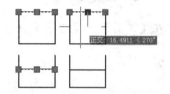

图 4-30 利用夹点移动对象的过程示例图

显示对象夹点后，单击其中一个夹点作为移动的基点，移动对象的方法如下。

方法一：在基点上单击鼠标右键，在弹出的快捷菜单中选择【移动】命令。

方法二：在命令行中输入"mo"后按 Enter 键。

使用上述任何一种方法后，命令窗口提示：

> ** 移动 **
> 指定移动点或[基点(B)/复制(C)/放弃(U)/退出(X)]：

通过鼠标拾取或输入移动点的坐标后，可将对象移动到新位置。

其他选项含义与夹点拉伸对象相同。

4.5.3 利用夹点旋转对象

旋转对象就是将选择的对象以夹点为圆心旋转指定的角度，而对象的大小并不会因此而改变，如图 4-31 所示。

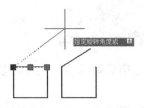

图 4-31 使用夹点旋转对象的过程示例图

显示对象夹点后，单击其中一个夹点作为旋转的基点，旋转对象的方法如下。

方法一：在基点上单击鼠标右键，在弹出的快捷菜单中选择【旋转】命令。

方法二：在命令行中输入"ro"后按 Enter 键。

使用上述任何一种方法后，命令窗口提示：

** 旋转 **

指定旋转角度或 [基点(B)/复制(C)/放弃(U)/参照(R)/退出(X)]:

此时在某个位置上单击鼠标即表示指定旋转角度为该位置与 X 轴正方向的角度，也可通过输入角度值指定旋转的角度。选择【参照(R)】选项可指定旋转的参照角度。

其他选项含义与夹点拉伸对象相同。

4.5.4　利用夹点缩放对象

缩放对象就是将选择的对象相对于夹点放大或缩小。显示对象夹点后，单击其中一个夹点作为缩放的基点，缩放对象的方法如下。

方法一：在基点上单击鼠标右键，在弹出的快捷菜单中选择【缩放】命令。

方法二：在命令行中输入"sc"后按 Enter 键。

使用上述任何一种方法后，命令窗口提示：

** 比例缩放 **

指定比例因子或 [基点(B)/复制(C)/放弃(U)/参照(R)/退出(X)]:

此时输入比例因子，即可完成对象基于基点的缩放操作。比例因子大于 1 表示放大对象，小于 1 表示缩小对象。

其他选项含义与夹点拉伸对象相同。

4.5.5　利用夹点镜像对象

镜像对象就是将选择的对象按指定的镜像线作镜像变换，镜像变换后删除原对象。显示对象夹点后，单击其中一个夹点作为镜像的基点，镜像对象的命令方法如下。

方法一：在操作基点上单击鼠标右键，在弹出的快捷菜单中选择【镜像】命令。

方法二：在命令行中输入"mi"后按 Enter 键。

使用上述任何一种方法后，命令窗口提示：

** 镜像 **
指定第二点或 [基点(B)/复制(C)/放弃(U)/退出(X)]:

此时指定的第二点与镜像基点构成镜像线，对象将以镜像线为对称轴进行镜像操作并删除原对象。

其他选项含义与夹点拉伸对象相同。

4.6 对 象 复 制

4.6.1 复制

复制对象，即从原对象以指定的角度和方向创建对象的副本。复制对象的命令方法如下。

方法一：在功能区，单击【常用】选项卡→【修改】面板→【复制】按钮。

方法二：选择【修改】→【复制】命令。

方法三：单击修改工具栏上的【复制】按钮。

方法四：在命令行中输入"copy"或"cp"命令。

使用上述任何一种方法后，命令窗口提示：

命令: _copy
选择对象: （选择需要复制的对象）
选择对象: （可按 Shift 键选择多个要复制的对象，按 Enter 键结束选择）
当前设置: 复制模式=多个
指定基点或 [位移(D)/模式(O)]<位移>:

命令窗口提示信息的含义如下。

（1）指定基点：指定一个点作为复制的基点，命令窗口提示：

指定第二个点或<使用第一个点作为位移>:

指定另一个点，按 Enter 键，对象将按第一点和第二点确定的位移矢量复制到新位置。命令窗口提示：

指定第二个点或 [退出(E)/放弃(U)] <退出>:

如果依次确定位移第二点，对象将按基点和依次指定的第二点所确定的位移矢量进行多次复制，按 Enter 键、空格键或 Esc 键结束复制。

（2）位移(D)：对象将按输入的位移量复制对象。

指定基点或 [位移(D)/模式(O)]<位移>: D↙
指定位移 <0.0000, 0.0000, 0.0000>: （输入位移量如"20,100,0"）

（3）模式(O)：选择以单个或多个方式复制对象，默认的模式为【多个(M)】。

> 指定基点或 [位移(D)/模式(O)]<位移>: O↙
> 输入复制模式选项[单个(S)/多个(M)]<多个>:

【例 4-9】如图 4-32 所示，在六边形的 3 个顶点上复制 3 个圆。

该提示信息的第一行显示了复制操作的当前模式为多个。复制的操作过程与移动的操作过程完全一致，也是通过指定基点和第二个点确定复制对象的位移矢量。同样，此时可通过鼠标拾取或输入坐标值指定复制的基点，随后命令行将提示"指定第二个点或<使用第一点作为位移>:"，这与移动操作的过程完全相同，不同的是在复制过程中原来的对象不会被删除，而是在指定的第二点创建一个对象副本。默认情况下，copy 命令将自动重复，指定第二个点后命令行重复提示"指定第二个点或<使用第一个点作为位移>:"，要退出该命令，可按 Enter 或 Esc 键。其操作过程如图 4-32 所示，在六边形的 3 个顶点处创建圆的 3 个副本。

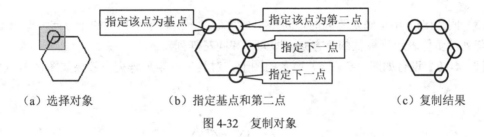

（a）选择对象　　　　（b）指定基点和第二点　　　　（c）复制结果

图 4-32　复制对象

△ 提示：【编辑】菜单的【复制】命令是将对象复制到系统剪贴板，当另一个应用程序要使用对象时，可将它们从剪贴板粘贴。例如，可将选择的对象粘贴到 Microsoft Word 或另外一个 AutoCAD 2013 图形文件中。

4.6.2　阵列

阵列对象就是将对象按矩形或环形方式多重复制对象。

1. 矩形阵列

矩形阵列的命令方法如下。

方法一：在功能区，单击【常用】选项卡→【修改】面板→【矩形阵列】按钮 。

方法二：选择【修改】→【阵列】→【矩形阵列】命令。

方法三：单击修改工具栏上的【矩形阵列】按钮 。

方法四：在命令行中输入"arrayrect"或"ar"命令。

使用上述任何一种方法后，命令窗口提示：

> 选择对象：（选择要阵列的对象）
> 选择对象：↙（也可以继续选择阵列对象）
> 选择夹点以编辑阵列或[关联(AS)/基点(B)/计数(COU)/间距(S)/列数(COL)/行数(R)/层数(L)/退出(X)]<退出>:

命令窗口提示信息的含义如下。

（1）列数(COL)、行数(R)、层数(L)：分别确定阵列时的列数、行数、层数（用于三维阵列）。

（2）计数(COU)：指定阵列的列数和行数。如图 4-33 所示，阵列行数为 2，列数为 3。注意行数和列数在计数时均包括对象所在的行或列。

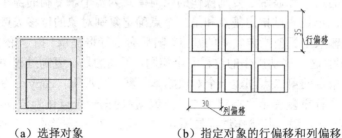

（a）选择对象　　　　　（b）指定对象的行偏移和列偏移

图 4-33　矩形阵列

（3）间距(S)：用于确定阵列的行间距和列间距。正值表示坐标轴的正方向，即向上和向右阵列；负值表示坐标轴的负方向，即向下和向左阵列。

【例 4-10】设有如图 4-34（a）所示的图形，对其进行矩形阵列，效果如图 4-34（b）所示。

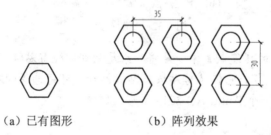

（a）已有图形　　　　　（b）阵列效果

图 4-34　矩形阵列图

绘图步骤如下。

```
命令: _arrayrect
选择对象: (选择六边形和圆)↙
选择夹点以编辑阵列或[关联(AS)/基点(B)/计数(COU)/间距(S)/列数(COL)/行数(R)/层数(L)/退出(X)]<
退出>:COU↙
    输入列数数或[表达式(E)]<4>: 3↙
    输入行数数或[表达式(E)]<3>: 2↙
    选择夹点以编辑阵列或[关联(AS)/基点(B)/计数(COU)/间距(S)/列数(COL)/行数(R)/层数(L)/退出(X)]<
退出>: S↙
    指定列之间的距离或[单位单元(U)]: 35↙
    指定行之间的距离]: -30↙
    选择夹点以编辑阵列或[关联(AS)/基点(B)/计数(COU)/间距(S)/列数(COL)/行数(R)/层数(L)/退出(X)]<
退出>:↙
```

2. 环形阵列

环形阵列的命令方法如下。

方法一：在功能区，单击【常用】选项卡→【修改】面板→【环形阵列】按钮 。

方法二：选择【修改】→【阵列】→【环形阵列】命令。

方法三：单击修改工具栏上的【环形阵列】按钮 。

方法四：在命令行中输入"arraypolar"或"ar"命令。

使用上述任何一种方法后，命令窗口提示：

选择对象：（选择要阵列的对象）
选择对象： ↙（也可以继续选择阵列对象）
指定阵列的中心点或[基点(B)/旋转轴(A)]:

提示中的"指定阵列的中心点"选项用于确定环形阵列时的阵列中心点，确定了阵列中心点后，命令窗口提示：

选择夹点以编辑阵列或[关联(AS)/基点(B)/项目(I)/项目间角度(A)/填充角度(F)/行(ROW)/层(L)/旋转项目(ROT)/退出(X)]<退出>:

命令窗口提示信息的含义如下。

（1）项目(I)：确定环形阵列的项目数（包含原对象）。执行该选项，命令窗口提示：

输入阵列中的项目数或[表达式(E)]<6>:（输入环形阵列的项目数，或通过表达式确定）
选择夹点以编辑阵列或[关联(AS)/基点(B)/项目(I)/项目间角度(A)/填充角度(F)/行(ROW)/层(L)/旋转项目(ROT)/退出(X)]<退出>:

（2）项目间角度(A)：确定环形阵列时项目之间的角度。执行该选项，命令窗口提示：

指定项目间的角度或[表达式(EX)]<60>:（输入环形阵列时项目间的角度，或通过表达式确定）
选择夹点以编辑阵列或[关联(AS)/基点(B)/项目(I)/项目间角度(A)/填充角度(F)/行(ROW)/层(L)/旋转项目(ROT)/退出(X)]<退出>:

（3）填充角度(F)：确定环形阵列时的填充角度，即阵列中第一个和最后一个项目之间的角度。执行该选项，命令窗口提示：

指定填充角度（+=逆时针、-=顺时针）或[表达式(EX)]<360>:（输入环形阵列时的填充角度。默认是360 度）
选择夹点以编辑阵列或[关联(AS)/基点(B)/项目(I)/项目间角度(A)/填充角度(F)/行(ROW)/层(L)/旋转项目(ROT)/退出(X)]<退出>:

（4）旋转项目(ROT)：控制在排列项目时是否旋转项目。执行该选项，命令窗口提示：

是否旋转阵列项目或[是(Y)/否(N)]<是>:（根据需要响应即可）
选择夹点以编辑阵列或[关联(AS)/基点(B)/项目(I)/项目间角度(A)/填充角度(F)/行(ROW)/层(L)/旋转项目(ROT)/退出(X)]<退出>:

【例 4-11】设有如图 4-35（a）所示的图形，对其进行环形阵列，效果如图 4-35（b）所示。

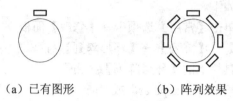

（a）已有图形　　　　　（b）阵列效果

图 4-35　环形阵列

绘图步骤如下。

命令: _arrayrect
选择对象: （选择矩形对象）✓
指定阵列的中心点或[基点(B)/旋转轴(A)]: （确定大圆的圆心点）
选择夹点以编辑阵列或[关联(AS)/基点(B)/项目(I)/项目间角度(A)/填充角度(F)/行(ROW)/层(L)/旋转项目(ROT)/退出(X)]<退出>:I✓
输入阵列中的项目数或[表达式(E)]<6>:8✓
选择夹点以编辑阵列或[关联(AS)/基点(B)/项目(I)/项目间角度(A)/填充角度(F)/行(ROW)/层(L)/旋转项目(ROT)/退出(X)]<退出>:✓

4.6.3　偏移

偏移对象，即将指定的直线、圆弧和圆等对象作平行偏移复制，利用【偏移】命令可以创建同心圆、平行线或等距离分布的图形，如图 4-36 所示（偏移距离为 5）。

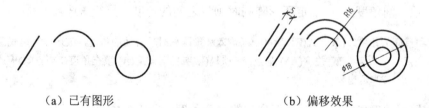

（a）已有图形　　　　　　　　　　　　（b）偏移效果

图 4-36　偏移对象示例

偏移对象的命令方法如下。
方法一：在功能区，单击【常用】选项卡→【修改】面板→【偏移】按钮。
方法二：选择【修改】→【偏移】命令。
方法三：单击修改工具栏上的【偏移】按钮。
方法四：在命令行中输入"offse"命令。
使用上述任何一种方法后，命令窗口提示：

命令: _offset
当前设置: 删除源否　图层=源　OFFSETGAPTYPE=0（将线段延伸到投影交点）
指定偏移距离或 [通过(T)/删除(E)/图层(L)]<通过>:

该信息的第一行显示了当前的偏移设置为"不删除偏移源、偏移后对象仍在原图层，OFFSETGAPTYPE 系统变量的值为 0"。第二行提示如何进行下一步操作。

命令窗口提示信息的含义如下。

（1）指定偏移距离：为默认项，如图 4-36 所示，直接输入偏离距离值 5，或在屏幕上拾取偏离距离值，按 Enter 键，命令窗口提示：

> 选择要偏移的对象，或 [退出(E)/放弃(U)] <退出>:

选择要偏移的对象，只能选择一个对象。命令窗口提示：

> 指定要偏移的那一侧上的点，或 [退出(E)/多个(M)/放弃(U)] <退出>:

① 指定要偏移的那一侧上的点：在源对象的一侧拾取一点，确定偏移复制的方向，即可平行复制一个对象，命令窗口提示：

> 选择要偏移的对象，或 [退出(E)/放弃(U)] <退出>:

重复以上偏移过程可复制多个对象，直到按 Enter 键结束执行命令。

② 退出(E)：输入 E 按 Enter 键可退出偏移操作命令。

③ 多个(M)：利用当前设置的偏移距离重复进行偏移复制。

④ 放弃(U)：取消前一次操作。

（2）通过(T)：指定通过点偏移对象。选择该选项后，命令行将提示"选择要偏移的对象，或 [退出(E)/放弃(U)] <退出>:"，选择对象后将提示"指定通过点或 [退出(E)/多个(M)/放弃(U)] <退出>:"，此时在要通过的点上单击即可完成偏移操作。指定通过点的操作过程如图 4-37 所示。

（a）选择对象　　　　（b）指定通过点　　　　（c）偏移效果

图 4-37　指定通过点偏移对象

（3）删除(E)：是否在偏移源对象后将其删除。

（4）图层(L)：将偏移对象创建在当前图层上还是源对象所在的图层上。

🔔提示：（1）圆弧作偏移复制后，新圆弧与源圆弧圆心角相同。（2）圆作偏移复制后，新圆与源圆圆心位置相同，但半径不同。（3）椭圆作偏移复制后，新椭圆与源椭圆圆心位置相同，但轴长不同。

4.6.4　镜象

镜像对象，将对象以镜像线为轴进行对称复制。镜象对象的命令方法如下。

方法一：在功能区，单击【常用】选项卡→【修改】面板→【镜像】按钮⚑。

方法二：选择【修改】→【镜像】命令。

方法三：单击修改工具栏上的【镜像】按钮⚑。

方法四：在命令行中输入"mirror"命令。

使用上述任何一种方法后，命令窗口提示：

命令: _mirror
选择对象： （选择要镜像的对象）
选择对象： （可按 Shift 键选择多个要镜像的对象，按 Enter 键结束选择）
指定镜像线的第一点： （选择镜像轴线的第一点）
指定镜像线的第二点： （选择镜像轴线的第二点）
要删除源对象吗？ [是(Y)/否(N)] <N>:（输入"Y"表示删除源对象，按 Enter 健或输入"N"表示保留源对象）

镜像操作过程如图 4-38 所示。

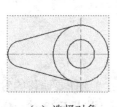 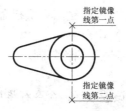 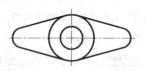 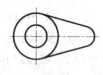

（a）选择对象 　　　（b）指定镜像线 　　　（c）不删除源对象 　　　（d）删除源对象

图 4-38　镜像操作过程

🔔 提示：默认情况下，镜像文字对象时，不更改文字的方向。如果确实要反转文字，请将
mirrtext 系统变量设置为 1。反转文字与不反转文字的效果如图 4-39 所示。

（a）MIRRTEXT=0 　　　　　　　　　（b）MIRRTEXT=1

图 4-39　设置 MIRRTEXT 系统变量

4.7　编辑对象特性

AutoCAD 2013 中的每个图形均有其特有的属性，一般包括颜色、线型和线宽等，特殊属性包括圆的圆心、直线的端点等。

4.7.1　【特性】选项板

【特性】选项板是 AutoCAD 最强有力的对象编辑工具，它是一个对象特性集合的表格式窗口。通过使用该选项板可以使编辑对象特性的操作更加简便和精确，用户可以同时对多个图形的单个或全局的特性进行处理，修改的结果可即时显现，使设计绘图效率倍增。如图 4-40 所示为选择对象不同时显示不同的【特性】选项板。

（a）没有选择对象　　　　　　（b）选择单个对象　　　　　　（c）选择多个对象

图 4-40　【特性】选项板

打开【特性】选项板的方法如下。

方法一：选择【修改】→【特性】命令。

方法二：单击标准工具栏上的【特性】按钮。

方法三：运行 properties 命令。

方法四：选择要查看或修改特性的对象，在绘图区右击，在弹出的快捷菜单中选择【特性】命令。

方法五：鼠标双击要查看或修改特性的对象。

【特性】选项板根据当前选择对象的不同而不同。

如果未选择对象，【特性】选项板只显示当前图层的基本特性、图层附着的打印样式表的名称、查看特性以及有关 UCS 的信息，如图 4-40（a）所示；选择单个对象时，显示该对象的所有特性，包括基本特性、几何位置等信息，如图 4-40（b）所示，当前选择的对象是直线，那么在【特性】选项板顶部的下拉列表框内显示为【直线】；选择多个对象时，【特性】选项板只显示选择集中所有对象的公共特性，如图 4-40（c）所示，下拉列表框显示为【全部（3）】，括号内数字表示所选对象的数量，单击该下拉列表框可选择某一类型的所有对象，如图 4-41 所示选择某类型后，将显示该类型的所有特性，这样可编辑同一类型的所有对象。

图 4-41　用下拉列表框选择对象类型

4.7.2　特性匹配

把某一对象（称源对象）的特性，如颜色、图层、线型、线型比例、线宽、文字样式、标注样式和填充图案等特性复制到其他目标对象上。默认情况下，所有可应用的特性都自动从选定的第一个对象复制到其他对象。如果不希望复制特定的特性，可以在执行该命令的过程中随时选择【设置】选项禁止复制该特性。

打开【特性匹配】选项板的方法如下。

方法一：在功能区，单击【常用】选项卡→【特性】面板→【特性匹配】按钮 。

方法二：选择【修改】→【特性匹配】命令。

方法三：单击标准工具栏上的【特性匹配】按钮 。

方法四：在命令行中输入"matchprop"或"painter"命令。

使用上述任何一种方法后，命令窗口提示：

选择源对象

此时选择要复制其特性的对象，只能选择一个对象。选择完成后命令行继续提示：

当前活动设置：颜色 图层 线型 线型比例 线宽 透明度 厚度 打印样式 标注 文字 填充图像 多段线 视口 表格材质 阴影显示 多重引线

选择目标对象或[设置(S)]:

第一行显示了当前设置的要复制的特性，默认复制所有特性。此时可选择要应用源对象特性的对象，可选择多个对象，直到按 Enter 或 Esc 键退出命令。输入"S"，选择【设置(S)】选项或弹出【特性设置】对话框，如图 4-42 所示，从中控制将哪些特性复制到目标对象。默认情况下，将复制【特性设置】对话框中的所有对象特性。

图 4-42　【特性设置】对话框

4.8　图形信息查询

在运用 AutoCAD 作图的过程中，图形的一些信息（如点的坐标、直线的长度、区域的面积和周长等）会自动保存在图形数据库中，通过【工具】菜单下的【查询】子菜单（如图 4-43 所示）和查询工具栏（如图 4-44 所示）可提取图形的相关信息，用户可根据需要进行查询。

图 4-43 【工具】菜单下的【查询】子菜单   图 4-44 查询工具栏

4.8.1 坐标点查询

坐标点查询用于查询指定点的坐标值，图形的坐标值是以 X、Y、Z 形式表示的，对于二维图形，Z 坐标值为零。查询点坐标的方法如下。

方法一：在功能区，单击【工具】选项卡→【查询】面板→【点坐标】按钮 。

方法二：选择【工具】→【查询】→【点坐标】命令。

方法三：单击查询工具栏上的【点坐标】按钮 。

方法四：在命令行中输入"id"命令。

使用上述任何一种方法后，命令窗口提示：

命令:'_id
指定点:

直接在窗口中拾取一点，或通过捕捉方式捕捉对象上某一点，在命令窗口中将显示该点在当前坐标系统中的坐标值，例如：

X = 1157.5141   Y = 164.5412   Z = 0.0000。

4.8.2 距离查询

距离查询用于查询指定两点间的距离及两点连线的方位角。查询距离的方法如下。

方法一：在功能区，单击【工具】选项卡→【查询】面板→【距离】按钮 。

方法二：选择【工具】→【查询】→【距离】命令。

方法三：单击查询工具栏上的【距离】按钮 。

方法四：在命令行中输入"dist"命令。

使用上述任何一种方法后，命令窗口提示：

命令:'_dist
指定第一点: （指定要查询直线的第一点）
指定第二个点或[多个点(M)]:

按照提示信息指定两个点，既可以用鼠标拾取也可以从键盘输入点的坐标值。指定两点后，命令行将显示出两点之间的距离及其他信息。例如，输入两点坐标分别为（0,0,0）和（30,30,40），即图 4-45 中的 O 点和 C 点，命令行给出的距离信息如下。

距离 =58.3095，XY 平面中的倾角 = 45，　　与 XY 平面的夹角 = 43
X 增量 = 30.0000，　　Y 增量 = 30.0000，　　Z 增量 = 40.0000

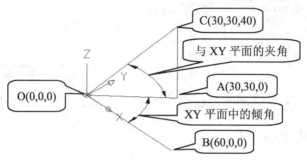

图 4-45　XY 平面中的倾角和与 XY 平面的夹角

在以上显示的信息中，"距离"表示两点之间的绝对距离；"XY 平面中的倾角"表示第一点和第二点之间的矢量在 XY 平面的投影与 X 轴的夹角；"与 XY 平面的夹角"表示两点构成的矢量与 XY 平面的夹角，如图 4-45 所示，O 为坐标原点，A、B 两点在 XY 平面上，C 点坐标为（30,30,40），OB 方向为 X 轴方向，OA 为 OC 在 XY 平面内的投影。那么 OA 与 OC 形成的夹角为 OC 矢量与 XY 平面的夹角，而 OA 与 OB 的夹角为 OC 矢量在 XY 平面中的倾角。"X 增量"、"Y 增量"和"Z 增量"分别是指两点的 X、Y 和 Z 坐标值的增量，即第二点的坐标值减去第一点的对应坐标值。

4.8.3　面积查询

面积查询用于查询面（圆、椭圆、矩形、正多边形）区域或以多个点为顶点构成的多边形区域的面积和周长，并可进行面积的加减运算。查询面积的方法如下。

方法一：在功能区，单击【工具】选项卡→【查询】面板→【面积】按钮 ██。

方法二：选择【工具】→【查询】→【面积】命令。

方法三：单击查询工具栏上的【面积】按钮 ██。

方法四：在命令行中输入"area"命令。

使用上述任何一种方法后，命令窗口提示：

命令:_area
指定第一个角点或 [对象(O)/增加面积(A)/减少面积(S)]:

此时指定计算面积的第一个角点。选择【对象】选项可计算所选对象的面积和周长，可以计算圆、椭圆、样条曲线、多段线、多边形、面域和实体的面积。【增加面积(A)】和【减少面积(S)】选项分别用于从总面积中加上或减去指定面积。指定第一个角点之后，命令行继续提示：

指定下一个点或[圆弧(A)长度(L)放弃(U)]:

此时可指定下一个点，直到完成所有角点的选择后按 Enter 键。

例如，在图 4-46（a）中，依次指定 A、B、C、D、E、F 点后，将计算这 6 个点所构成区域的面积和周长，如图 4-46（b）中的阴影部分。命令行给出如下面积信息。

区域=1880.3848，周长=209.2820

（a）指定一系列点　　　（b）计算的区域

图 4-46　计算指定区域的面积和周长

提示：在指定点时，如果所选择的点不构成闭合多边形，那么系统将假设从最后一点到第一点绘制了一条直线，然后计算所围区域中的面积，计算周长时，将计算该直线的长度。同样，当选择的对象为不闭合对象时，例如开放的样条曲线或多段线，也做同样的处理。

【例 4-12】计算如图 4-47 所示的剖面线区域的面积（图中的矩形由 rectang 命令绘制）。

绘图步骤如下。

图 4-47　已有图形

```
命令：_area
指定第一个角点或 [对象(O)/增加面积(A)/减少面积(S)/退出(X)]<对象>:A↙
指定第一个角点或 [对象(O)/减少面积(S)/退出(X)]:O↙
（"加"模式）选择对象：（选择大矩形）
区域=8996.93，周长=376.99
总面积=8996.93
（"加"模式）选择对象：↙
区域=8996.93，周长=376.99
总面积=8996.93
指定第一个角点或 [对象(O)/减少面积(S)/退出(X)]:S↙
指定第一个角点或 [对象(O)/增加面积(A)/退出(X)]:（捕捉图中三角形的 3 个顶点）
（"减"模式）指定下一个点或[圆弧(A)/长度(L)/放弃(U)/总计(T)]<总计>:↙
区域=214.72，周长=74.21
总面积=8782.21
指定第一个角点或 [对象(O)/增加面积(A)/退出(X)]:O↙
（"减"模式）选择对象：（选择椭圆）
区域=548.47，周长=86.39
总面积=8233.74
（"减"模式）选择对象：（选择圆）
```

区域=231.37，周长=53.92

总面积=8002.37

（"减"模式）选择对象:（选择八边形）

区域=612.15，周长=90.08

总面积=7390.22

（"减"模式）选择对象: ✓

区域=612.15，周长=90.08

总面积=7390.22

指定第一个角点或 [对象(O)/增加面积(A)/退出(X)]:✓

总面积=7390.22

输入选项 [距离(D)/半径(R)/角度(A)/面积(AR)/ 体积(V)/退出(X)]<面积>:X✓

可以看出，经计算，如图 4-47 所示的剖面线区域的面积为 7390.22。

🔔 **提示**：利用【特性】选项板，可以直接查询填充区域的面积，其查询方法为：打开【特性】选项板，选中填充的图案，AutoCAD 在【特性】选项板中显示该图案填充区域的面积。如果选择了多个图案，则显示出这些填充区域的累计面积。

4.8.4 时间查询

【时间查询】命令可查询绘制图形的时间信息，如创建时间、更新时间、消耗时间等信息。查询时间的方法如下。

方法一：选择【工具】→【查询】→【时间】命令。

方法二：在命令行中输入"time"命令。

使用上述任何一种方法后，将切换到 AutoCAD 文本窗口，如图 4-48 所示的时间信息是查询图 4-46 所显示的时间信息，同时在命令行显示如下提示。

>> 输入选项 [显示(D)/开(ON)/关(OFF)/重置(R)]

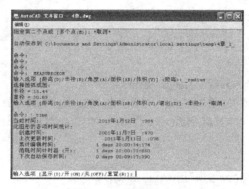

图 4-48　显示时间信息

此时可选择中括号内的选项：【显示(D)】选项用于显示更新的时间；【开(ON)】和【关(OFF)】选项分别用于启动和停止计时器；【重置(R)】选项用于将计时器清零。

4.8.5　查询系统变量

如果要列出或修改系统变量值，可通过以下两种方法查询。

方法一：选择【工具】→【查询】→【设置变量】命令。

方法二：在命令行中输入"setvar"命令。

执行查询系统变量命令后，命令行将提示：

输入变量名或[?]:

此时可输入需查看或修改的系统变量名即可对该系统变量进行操作。如要显示所有的系统变量，可输入"?"或直接按 Enter 键，然后命令行将继续提示：

输入要列出的变量 <*>:

此时可使用通配符指定要列出的系统变量，如要列出所有的系统变量，可直接按 Enter 键或者输入"*"。

4.9　上 机 练 习

1. 剪切混凝土窗花图案，如图 4-49 所示。

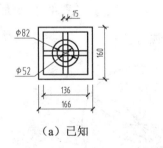

（a）已知　　　　　　（b）剪切后

图 4-49　混凝土窗花图案

2. 用【阵列】命令绘制楼梯台阶，如图 4-50 所示。

提示：先用【矩形】命令绘制大线框；接着将它分解，选择矩形短边，用【偏移】命令偏移，求出休息平台的边线；再用【阵列】命令绘制楼梯台阶。

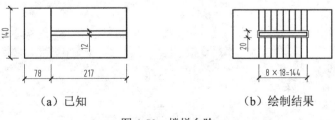

（a）已知　　　　　　　　　　（b）绘制结果

图 4-50　楼梯台阶

3. 绘制台阶花池平面图，如图 4-51 所示。

4. 绘制铁篦平面图，如图 4-52 所示。

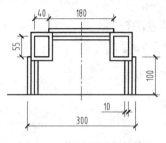

图 4-51　台阶花池平面图

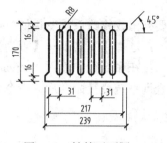

图 4-52　铁篦平面图

5. 绘制如图 4-53 所示图案。

6. 完成如图 4-54 所示的倒角和圆角练习。

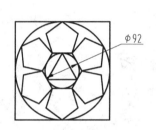

图 4-53　练习 5 图

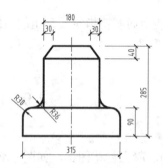

图 4-54　倒角和圆角

7. 完成如图 4-55 所示的地板砖花纹练习。

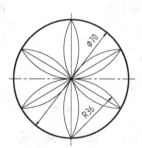

图 4-55　地板砖花纹

第5章 文　　字

5.1　创建文字样式

文字样式包括了字体、字号大小、倾斜角度、方向和其他文字特征，标注文字时，不同类型的图对文字标注有不同要求。在 AutoCAD 中，所有文字都有与之相关联的文字样式，输入文字时，程序将使用当前的文字样式。AutoCAD 默认的文字样式为 Standard。AutoCAD 允许用户自定义文字样式，若系统提供的文字样式不能满足需求，则应先定义文字样式，再标注文字。

文字样式设置的方法如下。

方法一：在功能区，单击【常用】选项卡→【注释】面板→【文字样式】按钮 。

方法二：选择【格式】→【文字样式】命令。

方法三：单击文字工具栏上的【文字样式】按钮 。

方法四：在命令行中输入"style"命令。

使用上述任何一种方法后，打开【文字样式】对话框，如图 5-1 所示，可在该对话框中修改或创建文字样式，包括设置样式名、字体、文字效果、预览与应用文字样式等。

图 5-1　【文字样式】对话框

5.1.1　设置样式名

在【文字样式】对话框的【样式】选项组中，可显示已有的文字样式名，包括系统默认的 Standard 样式，以及用户定义的样式。在【样式】列表框下方是文字样式预览窗口，可对所选择的样式进行预览。【文字样式】对话框主要包括【字体】、【大小】、【效果】3 个设置区域，分别用于设置文字的字体、大小和显示效果。

◆　【置为当前】按钮：单击该按钮可将所选择的文字样式置为当前。

◆ 【新建】按钮：单击该按钮打开【新建文字样式】对话框，如图 5-2 所示。在【样
式名】文本框中自动生成名为"样式 n"的样式
名（其中 n 为所提供样式的编号），可以采用默
认的样式名，也可以在该框中输入样式名，然后
单击【确定】按钮，即可创建一个新的文字样式
并显示在【样式】列表框中。

图 5-2 【新建文字样式】对话框

◆ 【删除】按钮：单击该按钮可以删除选择的文字
样式。

🔔 提示：默认的 Standard 的文字样式和已经使用的文字样式不能删除。

5.1.2 设置字体

在【文字样式】对话框的【字体】和【大小】选项组中，用于设置文字样式使用的字
体和字高等属性。

◆ 【字体名】下拉列表框：列出了所有的字体，用于选择字体。双"T"开头的字体
是 Windows 系统提供的 TrueType 字体，没有选中【使用大字体】复选框时才列出，
其他字体是 AutoCAD 自身的字体。

◆ 【字体样式】下拉列表框：用于选择字体格式，如斜体、粗体和常规字体等。

◆ 【使用大字体】复选框：大字体是为亚洲国家设计的文字字体，选中该复选框，【字
体样式】下拉列表框变为"大字体"下拉列表框，用于选择大字体文件。

◆ 【高度】文本框：用于设置文字的高度。如果将文字的高度设为 0，每次用该样式输
入文字时，命令行将显示"指定高度"提示，要求指定文字的高度。如果在【高度】
文本框中输入了文字高度，AutoCAD 将按此高度标注文字，而不再提示指定高度。

◆ 【注释性】复选框：选中该复选框，用于确定所定义的文字样式是否为注释性文字
样式（参见 5.4 节的介绍）。

🔔 提示：（1）如果改变现有文字样式的方向或字体文件，当图形重生成时所有具有该样式
的文字对象都将使用新值。（2）只有在【字体名】中指定.shx 文件，才能使用大
字体。

5.1.3 设置文字效果

在【文字样式】对话框的【效果】选项组中，有设置文字的 5 个选项，其效果如图 5-3
所示，图中文字采用仿宋体（垂直字体及 Standard 样式除外）。

◆ 【颠倒】复选框：颠倒显示字符，相当于沿纵向的对称轴镜像处理。

◆ 【反向】复选框：反向显示字符，相当于沿横向的对称轴镜像处理。

◆ 【垂直】复选框：设置文字是否垂直排列，文字只有在关联的字体支持双向时，才
能具有垂直的方向。

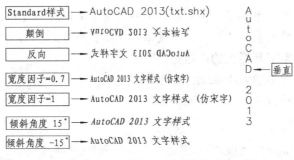

图 5-3　设置文字样式的效果

◆ 【宽度因子】文本框：设置文字字符的宽度和高度之比，当【宽度因子】的值为 1 时，将按系统定义的高宽比书写文字；当【宽度因子】小于 1 时，字符会变窄；当【宽度因子】大于 1 时，字符则变宽，《工程制图》标准规定为 0.7。

◆ 【倾斜角度】文本框：设置文字的倾斜角度。当角度为 0 时，文字不倾斜；角度为正值时，文字向右倾斜；角度为负值时，文字向左倾斜。

【例 5-1】定义符合制图要求的文字样式（样式名为"工程字"，字体采用"仿宋体"，字高为 5，宽度因子为 0.7）。

操作步骤如下：

（1）执行 style 命令，AutoCAD 弹出【文字样式】对话框。

（2）单击【新建】按钮，在弹出的【新建文字样式】对话框的【样式名】文本框中输入"工程字"，单击【确定】按钮。

（3）AutoCAD 返回到【文字样式】对话框，按题目要求修改相应选项，如图 5-4 所示。

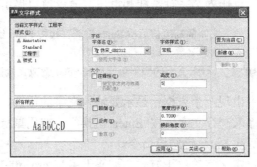

图 5-4　设置文字样式

5.2　单 行 文 字

5.2.1　标注单行文字

对于不需要多种字体或多行的简短文字说明，可创建单行文字。每行文字都是独立的对象，可单独修改。创建单行文字的命令方法如下。

方法一：在功能区，单击【注释】选项卡→【文字】面板→【单行文字】按钮。

方法二：选择【绘图】→【文字】→【单行文字】命令。

方法三：单击文字工具栏上的按钮。

方法四：在命令行中输入"dtext"命令。

使用上述任何一种方法后，命令窗口提示：

命令: _dtext
当前文字样式: Standard 当前文字高度: 2.5000 注释性: 否
指定文字的起点或 [对正(J)/样式(S)]:

第一行显示当前的文字样式，根据第二行提示，此时可以指定单行文字对象的起点或者选择中括号内的选项。

命令窗口提示信息的含义如下。

（1）指定文字的起点：为默认项，通过指定单行文字基线的起始点位置创建文字。为确定文字行的位置，AutoCAD 定义了文字顶线、中线、基线和底线的位置，图 5-5 表明了文字串与 4 条水平线的关系。

图 5-5 文字串与 4 条水平线的关系

在绘图窗口中拾取一点作为文字行基线起点后，命令窗口提示：

指定高度 <2.5000>: （输入文字的高度值后按 Enter 键或直接按 Enter 键用默认值，如果在文字样式中已指定了文字高度，则没有此提示）
指定文字的旋转角度 <0>: （输入文字的倾斜角值后按 Enter 键或直接按 Enter 键用默认值）

此时，在绘图窗口中出现一个方框，显示要输入文字的位置、大小、倾斜角，可以在方框中直接输入文字。输入一行文字后按 Enter 键换行，或用鼠标拾取另一点在新位置输入文字，输完文字后按两次 Enter 键结束命令。

（2）对正(J)：用于设定文字的对正方式，类似于用 Microsoft Word 文字编辑器排版时使文字左对齐、居中、右对齐等，但 AutoCAD 提供了更灵活的对正方式。执行该选项，AutoCAD 提示：

输入选项 [对齐(A)/布满(F)/居中(C)/中间(M)/右对齐(R)/左上(TL)/中上(TC)/右上(TR)/左中(ML)/正中(MC)/右中(MR)/左下(BL)/中下(BC)/右下(BR)]:

① 对齐(A)：选择此选项后，系统要求指定文字行基线的起点和终点位置，输入的文字将均匀分布于指定的两点之间，字高和字宽根据两点间的距离及文字的多少自动调整，文字行的旋转角度由两点间连线的倾斜角度确定，如图 5-6 所示。

② 布满(F)：选择此选项后，系统要求指定文字行基线的起点、终点位置和文字的高

度，输入的文字将均匀分布于指定的两点之间，字宽根据两点间的距离及文字的多少自动调整，但字高按用户指定的高度，文字行的旋转角度由两点间连线的倾斜角度确定，如图 5-7 所示。

图 5-6　文字的对齐　　　　　　　图 5-7　文字布满效果

其他选项定义了文字对象上的某个点作为对齐的基准点，输入文字的效果如图 5-8 所示。

图 5-8　各种文字的对正方式

（3）样式(S)：指定输入文字使用的文字样式。

指定文字的起点或 [对正(J)/样式(S)]:　S✓
输入样式名或 [?] <默认样式名>:

可以直接输入文字样式的名称后按 Enter 键，或直接按 Enter 键使用默认样式。也可输入"？"后按 Enter 键，显示已有的文字样式。

5.2.2　特殊符号的使用

在绘图过程中常常需要输入一些特殊字符，如"°"（度）、"±"（正、负号）、"Ø"（直径符号）等，这些字符不能直接在键盘输入，可通过输入控制码代替特殊字符。表 5-1 列出了常用符号的控制码。

表5-1　AutoCAD主要控制码

控　制　码	功　　能
%%O	打开或关闭上划线
%%U	打开或关闭下划线
%%D	标注度符号"°"
%%P	标注正负符号"±"
%%C	标注直径符号"Ø"
%%%	标注百分比符号"%"

AutoCAD 的控制码由两个百分比符号和一个字符构成，其中%%O 和%%U 分别是上划

线与下划线的开关。第一次出现此符号时，表示打开上划线或下划线，第二次出现该符号时，则表示关掉上划线或下划线。特殊字符输入时，屏幕上并不显示实际字符，而是显示控制码，输入完毕后才显示实际字符。

5.2.3 编辑单行文字

已经创建好的文字对象，可以像其他对象一样进行编辑修改。单行文字可进行单独编辑，包括编辑文字的内容、缩放比例及对正方式等。

1. 编辑文字内容

编辑单行文字内容的命令方法如下。

方法一：选择【修改】→【对象】→【文字】→【编辑】命令。

方法二：单击文字工具栏上的【编辑】按钮 。

方法三：双击要修改的单行文字对象。

方法四：在命令行中输入"ddedit"命令。

使用上述任何一种方法后，命令窗口提示：

> 命令: _ddedit
> 选择注释对象或 [放弃(U)]:

在窗口中单击要编辑的单行文字，进入文字编辑状态，可对文本的内容进行编辑，按 Enter 键结束文字修改。

2. 编辑文字缩放比例

编辑单行文字比例的命令方法如下。

方法一：在功能区，单击【注释】选项卡→【文字】面板→【缩放】按钮 。

方法二：选择【修改】→【对象】→【文字】→【比例】命令。

方法三：单击文字工具栏上的 按钮。

方法四：在命令行中输入"scaletext"命令。

使用上述任何一种方法后，命令窗口提示：

> 命令: _scaletext
> 选择对象: （选择要编辑单行文字比例的对象）
> 选择对象: （按 Enter 键结束选择）
> 输入缩放的基点选项[现有(E)/左对齐(L)/居中(C)/中间(M)/右对齐(R)/左上(TL)/中上(TC)/右上(TR)/左中(ML)/正中(MC)/右中(MR)/左下(BL)/中下(BC)/右下(BR)] <现有>: （选择一个选项）
> 指定新模型高度或 [图纸高度(P)/匹配对象(M)/缩放比例(S)] <2.5>:

这里的新模型高度即为文字高度，此时可输入新的文字高度。中括号内其他选项的含义如下。

◆ 图纸高度(P)：根据注释特性缩放文字高度。

◆　匹配对象(M)：可使两个文字对象的大小匹配。

◆　缩放比例(S)：可指定比例因子或参照缩放所选文字对象。

3. 编辑文字对正方式

编辑单行文字对正的命令方法如下。

方法一：在功能区，单击【注释】选项卡→【文字】面板→【对正】按钮⚞。

方法二：选择【修改】→【对象】→【文字】→【对正】命令。

方法三：单击文字工具栏上的⚞按钮。

方法四：在命令行中输入"justifytext"命令。

使用上述任何一种方法后，命令窗口提示：

命令: _justifytext

选择对象:　（选择要编辑单行文字对正的对象）

选择对象:　（按 Enter 键结束选择）

输入对正选项 [左对齐(L)/对齐(A)/布满(F)/居中(C)/中间(M)/右对齐(R)/左上(TL)/中上(TC)/右上(TR)/左中(ML)/正中(MC)/右中(MR)/左下(BL)/中下(BC)/右下(BR)] <右>:　（选择一种对齐方式后按 Enter 键）

在窗口中单击需要编辑的单行文字，可以重新设置所选文字对象的对正方式。

5.3　多　行　文　字

多行文字是由一行或一行以上文字组成的段落文字，用于创建复杂的文字说明，不管文字有多少行，所有文字行构成一个独立的对象。

另外，多行文字的编辑选项比单行文字多。例如，可将下划线、字体、颜色和文字高度的修改应用到段落中的单个字符、单词或短语。

5.3.1　标注多行文字

标注多行文字的命令方法如下。

方法一：在功能区，单击【常用】或【注释】选项卡→【文字】面板→【多行文字】按钮 A 。

方法二：选择【绘图】→【文字】→【多行文字】命令。

方法三：单击绘图或文字工具栏上的【多行文字】按钮 A 。

方法四：在命令行中输入"mtext"命令。

使用上述任何一种方法后，命令窗口提示：

命令: _mtext 当前文字样式:"样式 3" 文字高度:5 注释性：否

指定第一角点:　（在绘图窗口中指定放置多行文字的矩形区域的一个角点）

指定对角点或 [高度(H)/对正(J)/行距(L)/旋转(R)/样式(S)/宽度(W)/栏(C)]:

默认状态下，在绘图窗口中指定放置多行文字的矩形区域的另一个角点，此时将打开【多行文字编辑器】对话框，如图 5-9（a）所示为已经集成在功能区的草图与注释工作空间的多行文字编辑器，当执行 mtext 命令后，功能区最右侧多出一个名称为"多行文字"的选项卡，其下即为多行文字编辑器；如在 AutoCAD 经典工作空间，多行文字编辑器仍然以 AutoCAD 经典的界面出现，如图 5-9（b）所示，文字格式工具栏可设置文字样式、文字字体、文字高度、加粗、倾斜或加下划线等，文字在文本输入区中输入。

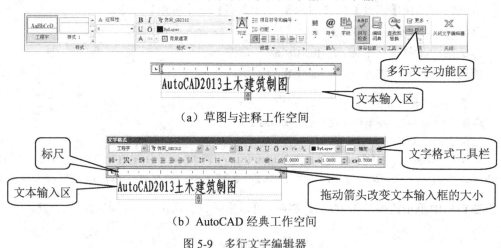

（a）草图与注释工作空间

（b）AutoCAD 经典工作空间

图 5-9　多行文字编辑器

1．利用文字格式工具栏编辑文字（在 AutoCAD 经典工作界面）

（1）【样式】下拉列表框 ：通过该列表选用所使用的样式，或更改在编辑器中输入文字的样式。

（2）【字体】下拉列表框 ：利用该下拉列表随时改变输入文字的字体，也可以更改已有文字的字体。

（3）【注释性】按钮 ：确定标注的文字是否为注释性文字（参见 5.4 节）。

（4）【文字高度】组合框 ：设置或更改文字高度。用户可以直接从下拉列表中选择数值，也可以在文本框中输入高度值。

（5）【粗体】按钮 B：确定文字是否以粗体形式标注。

（6）【斜体】按钮 I：确定文字是否以斜体形式标注。

（7）【删除线】按钮 A：确定是否对文字添加删除线。

（8）【下划线】按钮 U：确定是否对文字添加下划线。

（9）【上划线】按钮 O：确定是否对文字添加上划线。

（10）【放弃】和【重做】按钮 ：在编辑器中执行放弃、重做操作，包括对文字内容或文字格式所做的修改。

（11）【堆叠/非堆叠】按钮 ：实现堆叠与非堆叠的切换。

（12）【颜色】下拉列表框 ：设置或更改标注文字的颜色。

（13）【标尺】按钮 ：实现在编辑器中是否显示水平标尺的操作。

（14）【栏数据】按钮 ：分栏设置，可以使文字按多列显示。

（15）【多行文字对正】按钮 🔲▾：设置文字的对齐方式，默认为【左上】，其作用与单行文字相同。

（16）【段落】按钮 🔳▾：设置段落缩进、第一行缩进、制表位、段落对齐、段落间距及段落行距等。

（17）【左对齐】、【居中对齐】、【右对齐】、【对正】和【分布】按钮 ▤▤▤▤▤：设置段落文字沿水平方向的对齐方式。

（18）【行距】按钮 ▤▾：设置行间距。

（19）【编号】按钮 ▤▾：用于创建各种符号列表。

（20）【插入字段】按钮 🔳：向文字中插入字段。

（21）【全部大写】和【小写】按钮 A·a：将选定的字符更改为大写、小写。

（22）【符号】按钮 @▾：在光标位置插入符号，例如 "±"、"m³" 等。

（23）【倾斜角度框】 0/0.0000 ▴▾：使输入或选定的字符倾斜一定的角度。

（24）【追踪框】 a·b 1.0000 ▴▾：增大或减小所输入或选定字符之间的距离。设置值 1.0 是常规间距，当设置值大于 1 时会增大间距，小于 1 时则减小间距。

（25）【宽度因子框】 ○ 1.0000 ▴▾：增大或减小输入或选定字符之间的宽度。设置值 1.0 表示字母为常规宽度，当设置值大于 1 时会增大宽度，小于 1 时则减小宽度。

（26）标尺：与一般文字编辑器的水平标尺类似，可设置制表位、首行缩进和段落缩进等。

（27）文字格式工具栏快捷菜单：如果在如图 5-9（b）所示的编辑器中单击鼠标右键，AutoCAD 弹出如图 5-10 所示的快捷菜单。其中大部分功能与前面介绍的文字格式工具栏的功能类似，以下为不同之处。

◆ 输入文字：可导入文本文件。

◆ 查找和替换：执行查找、替换操作。

◆ 合并段落：将几个段落组合成一个段落。

◆ 删除格式：从选定的文字中取消粗体、斜体以及下划线等的设置。

◆ 背景遮罩：为文字添加背景，使文字在图形中更加突出。

◆ 编辑器设置：设置文字编辑器，如设置是否显示工具栏、是否显示标尺等。

图 5-10　快捷菜单

2. 使用多行文字功能区编辑文字（在草图与注释工作界面）

多行文字功能区主要用于多行文字格式的设置，包括【样式】、【格式】、【段落】、【插入】、【拼写检查】、【工具】、【选项】和【关闭】8 个面板。各个面板上的控件既可以在输入文本前设置新输入文本的格式，也可以设置所选文本的格式。其大部分功能与前面介绍的 AutoCAD 经典工作界面中文字格式工具栏的功能类似，以下为不同之处。

（1）【选项】面板

【更多】按钮：包括了【字符集】、【编辑器设置】等按钮，可以通过相关按钮进行相应设置。

（2）【关闭】面板

该面板只有一个【关闭文字编辑器】按钮，单击该按钮将关闭编辑器并保存所有更改。

3．文本输入区

用于输入文本，如果单击工具栏上的【标尺】按钮▦，将显示标尺以辅助文本输入，拖动标尺上的箭头可调整文本输入框的大小。

5.3.2　编辑多行文字

编辑多行文字的方法如下。

方法一：在功能区，单击【注释】选项卡→【文字】面板→【多行文字】按钮✓。

方法二：双击要编辑的文字对象。

方法三：在命令行中输入"mtedit"命令。

使用上述任何一种方法后，命令窗口提示：

命令：_mtedit
选择注释对象或 [放弃(U)]:

在窗口中单击需要编辑的多行文字，打开多行文字编辑窗口，可对文本的内容、格式等进行编辑，单击【确定】按钮结束文字修改。

【例 5-2】利用多行文字在图 5-11 中标注 15m³，并为文字设置红色背景。

操作步骤如下。

命令: mtext
指定第一角点:　（在绘图窗口中指定放置多行文字的矩形区域的一个角点）
指定对角点或 [高度(H)/对正(J)/行距(L)/旋转(R)/样式(S)/宽度(W)/栏(C)]:
在弹出的编辑器中输入文字 15m，左击符号@·下拉菜单，选择【立方】命令，即得 15m³
在编辑器的文本区单击鼠标右键，在弹出的快捷菜单中选择【背景遮罩】命令，弹出如图 5-12 所示对话框，按要求选择相应的选项，单击【确定】按钮，完成文字标注

图 5-11　文字效果　　　　　　　图 5-12　【背景遮罩】对话框

5.4　注释性文字

绘制各种工程图时，经常需要用不同的比例绘制，如采用比例 1:2、1:10、2:1 等。当

在同一张图纸上手工绘制比例不同的图形时，需按照比例要求换算图形的尺寸，然后再按换算后得到的尺寸绘制图形。用计算机绘制比例不同的图形时也可以采用这样的方法，但基于 CAD 软件的特点，用户可以直接按 1:1 比例绘制图形，当通过打印机或绘图仪将图形输出到图纸时，再设置输出比例。这样，绘制图形时不需要考虑尺寸的换算问题，而且同一幅图形可以按不同的比例多次输出。采用这种方法存在一个问题：当以不同的比例输出图形时，图形按比例缩小或放大，但其他内容，如文字、尺寸文字和尺寸起止符号的大小等也会按比例缩小或放大时，就不能满足绘图标准的要求。利用 AutoCAD 的注释性对象功能，则可以解决此问题。例如，当以 1:2 的比例输出图形时，将图形按 1:1 比例绘制，通过设置，使文字等按 2:1 比例标注或绘制，这样，当按 1:2 比例通过打印机或绘图仪将图形输出到图纸时，图形按比例缩小，但其他相关注释性对象（如文字等）按比例缩小后，正好满足标准要求。

AutoCAD 添加了注释性功能，使用注释性很容易实现同一图形在不同比例的布局视口里文字和标注文字显示的高度一致。AutoCAD 2013 可以将文字、标注、引线和多重引线、块、块属性、图案充填以及形位公差等指定为注释性对象。本节只介绍注释性文字的设置与使用。

5.4.1　注释性文字样式

为方便操作，用户可以专门定义注释性文字样式。其定义过程与 5.1 节介绍的文字样式定义过程类似，只需要在【文字样式】对话框中选中【注释性】复选框，并在图纸文字高度里输入你准备在布局图纸里显示的文字高度即可。选中该复选框后，在【样式】列表框中的对应样式名前会显示出图标⚠，表示该样式属于注释性文字样式（后面章节介绍的其他注释性对象的样式名也用图标⚠标记）。

5.4.2　标注注释性文字

当用 dtext 命令标注注释性文字时，应首先将对应的注释性文字样式设为当前样式，然后利用状态栏上的【注释比例】列表（单击状态栏上【注释比例】右侧的小箭头可以引出此列表，如图 5-13 所示）设置比例，最后就可以用 dtext 命令标注文字了。

例如，如果通过列表将注释比例设为 1:2，那么按注释性文字样式用 dtext 命令标注出文字后，文字的实际高度是文字设置高度的 2 倍。

当用 mtext 命令标注注释性文字时，可通过文字格式工具栏上的【注释性】按钮⚠确定标注的文字是否为注释性文字。

对于已标注的非注释性文字（或对象），可以通过特性窗口将其设置为注释性文字（对象）。例如，在例 5-2 中标注的文字是非注释性文字，通过打开该文字的特性窗口，如图 5-14所示，利用特性窗口将【注释性】设为【是】，通过注释比例设置比例（图中设为 1:2）。

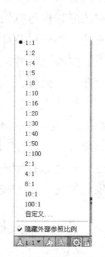

图 5-13　注释比例列表　　　　　图 5-14　多行文字特性窗口

5.5　上　机　练　习

1．创建如图 5-15（a）所示的单行文字，字体为仿宋体，高度为 5，宽度因子为 0.7（提示：进入单行文字编辑器后，输入 "%%u"（下划线），然后输入文字）。

2．创建如图 5-15（b）和图 5-15（c）所示的多行文字，字体为仿宋体，文字高度为 5，"1:100" 字高为 3.5，宽度因子为 0.7（提示：在多行文字编辑器中通过【样式】面板改变文字高度，通过【段落】面板调整文字位置，如 "说明" 为 7 号黑体并居中）。

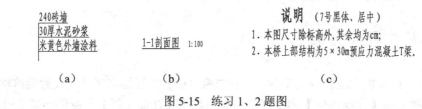

240砖墙
30厚水泥砂浆
米黄色外墙涂料

1-1剖面图　1:100

说明　（7号黑体、居中）
1．本图尺寸除标高外，其余均为cm；
2．本桥上部结构为5×30m预应力混凝土T梁。

（a）　　　　　　　　（b）　　　　　　　　　　　　（c）

图 5-15　练习 1、2 题图

3．对如图 5-16（a）所示的文字（仿宋体，文字高度为 5，宽度因子为 0.7），用【查找和替换】命令将 "实施" 替换为 "施工"，效果如图 5-16（b）所示。

实施顺序：种植工程宜
在道路等土建工程实施
完后进场，如有交叉实
施应采取措施保证种植
实施质量。

施工顺序：种植工程宜
在道路等土建工程施工
完后进场，如有交叉施
工应采取措施保证种植
施工质量。

（a）输入以上文字　　　　　　　　　　（b）替换结果

图 5-16　练习 3 题图

第6章 图 块

6.1 图块的概念

在实际的工程绘图过程中，经常会反复地使用到一些常用的图件，例如水工设计中的示坡线、高程符号，房屋建筑设计中的门、窗标准构件。如果每用一次这些图件都得重新绘制，势必会大大降低工作效率。因此，AutoCAD 提供了图块的功能，将逻辑上相关联的一系列图形对象定义成一个整体，称之为块。用户可以将一些常用到的图形对象定义为块。

块是可组合起来形成单个对象（或称为块定义）的对象集合。在图形中既可以对块进行插入、比例缩放和旋转等操作，还可以将块分解为它的组成对象并且修改这些对象，再重定义这个块定义。

在 AutoCAD 中块可分为内部块和外部块两种。

6.2 创建内部块

内部块是将数据保存在当前图形文件中，只能被当前图形所访问。

执行创建内部块命令主要有以下几种方法。

方法一：选择【绘图】→【块】→【创建】命令。

方法二：单击绘图工具栏上的▣按钮。

方法三：在命令行中输入"block"命令，然后按 Enter 键。

方法四：使用简写命令 B，然后按 Enter 键。

用上述任何一种方法执行命令后，打开【块定义】对话框，如图 6-1 所示。利用该对话框可以将图形对象创建为块。

图 6-1 【块定义】对话框

【块定义】对话框中各选项的含义如下。

（1）【名称】下拉列表框：用于命名所定义的块名称，同时下拉列表列出了当前图形的所有图块。

（2）【基点】选项组：用于设置块的插入基点。可以单击【拾取点】按钮 ，在绘图区上拾取一点作为块的基点。也可以直接输入插入点的 X、Y、Z 的坐标值作为块的基点，通常将基点选在块的对称中心、左下角或其他有特征的位置。

（3）【对象】选项组：用于设置组成块的对象。单击【选择对象】按钮 ，可以切换到绘图窗口中选取要定义为块的对象，按 Enter 键结束选择并返回【块定义】对话框，同时在【对象】选项组的最后一行显示已选择的对象数目，在【名称】下拉列表框右端显示所选对象的预览图。

（4）【方式】选项组：选中【按统一比例缩放】复选框，可以按同一比例缩放块。如果没有选中【按统一比例缩放】复选框，则沿各坐标轴方向采用不同的缩放比例缩放块；选中【允许分解】复选框，插入的块可以分解成组成块的单个对象。

（5）【设置】选项组：用于设置块的单位。在【块单位】下拉列表框中可以指定插入块时的单位。

（6）在【说明】框中可以输入描述所创建块的说明；单击【超链接】按钮，在打开的【插入超链接】对话框中可以插入超链接文档。

在【块定义】对话框中完成各项设置后，单击【确定】按钮，可创建出所需的图块。

下面通过实例学习，熟悉创建内部块命令的使用方法和使用技巧。

【例 6-1】创建如图 6-2 所示的建筑平面图中常用的门块，如图 6-3 所示（为了方便在卧室、厨房、卫生间等不同地方按不同的比例插入门块，可以将门块的尺寸定义为 1000 毫米）。

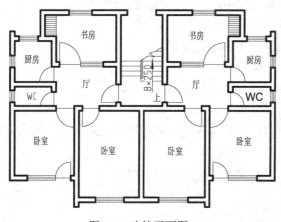

图 6-2　建筑平面图

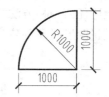

图 6-3　建筑平面图中的门块

操作步骤如下：

（1）选择【格式】→【单位】命令，设置单位为 mm，精度为 0.0。

（2）选择【格式】→【图形界限】命令，设置图形界限为 29600×21000。

（3）输入“line”命令在屏幕上适当位置绘制两条长度分别是 1000 的正交线，如图 6-4 所示。

（4）单击绘图工具栏上的 按钮，以"起点、圆心、端点"方式绘制门的弧形轮廓，如图 6-5 所示。

图 6-4　绘制正交线　　　　　图 6-5　绘制门的弧形轮廓

（5）单击绘图工具栏上的 按钮，以正交线的交点为块的基点，设置块的单位为毫米，输入块名，最后单击【确定】按钮，如图 6-6 所示。

图 6-6　创建块的参数设置

（6）完成内部块的设置。

6.3　创建外部块

由于内部块仅能供当前文件所引用，为了弥补内部块给绘图工作带来的不便，可以通过使用【写块】命令来创建外部块。外部块不但可以被当前文件所使用，还可以供其他文件进行重复引用。

【例 6-2】下面通过将内部块"一米门"创建为外部块，学习【写块】命令的使用方法和技巧。

（1）继续例 6-1 操作。

（2）在命令行中输入"wblock"或"W"命令，然后按 Enter 键，激活【写块】命令，打开如图 6-7 所示的【写块】对话框。

（3）在【源】选项组中选中【块】单选按钮，展开【块】列表，如图 6-8 所示，选择内部块"一米门"。

【块】单选按钮用于将当前文件中的内部块转换为外部块，然后进行存储。当选中该单选按钮时，其右侧的列表框被激活，可以从中选择需要被写入块文件的内部块。

【整个图形】单选按钮用于将当前文件中的所有图形对象创建为一个整体图块并进行

存储。

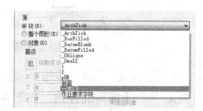

图 6-7　【写块】对话框　　　　　　　图 6-8　【块】列表

【对象】系统默认选项，用于有选择性地将当前文件中的部分图形或全部图形创建为一个独立的外部块，具体操作与创建内部块相同。

（4）在【文件名和路径】文本框中设置外部块的存储路径、名称和单位，如图 6-9 所示。

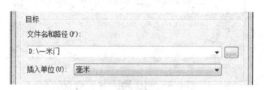

图 6-9　【文件名和路径】文本框

（5）单击【确定】按钮，内部块"一米门"被转换为外部块，并以独立文件的形式存储。

6.4　插　入　块

将多个图形集合成块的最大目的，就是为了进行反复的引用，以节省绘图时间，提高绘图效率。引用图块的命令为【插入块】命令，此命令可以将内部块、外部块以及一些存储的文件按比例及角度插入到当前图形文件中。

执行【插入块】命令主要有以下几种方法。

方法一：选择【插入】→【块】命令。

方法二：单击绘图工具栏上的 按钮。

方法三：在命令行中输入"insert"命令，然后按 Enter 键。

方法四：使用简写命令 I，然后按 Enter 键。

【例 6-3】下面来学习【插入块】命令的使用方法和使用技巧。

（1）继续例 6-2 操作。

（2）单击绘图工具栏上的 按钮，打开如图 6-10 所示的【插入】对话框，内部块"一米门"自动出现在【名称】文本框内。

图 6-10 【插入】对话框

🔔 提示：【名称】文本框用于设置需要插入的内部块。展开此列表，所有的内部块都显示
其中，用户可以根据需要进行选择。

【插入点】选项组用于确定图块插入点的坐标，用户可以选中【在屏幕上指定】复选框，
然后在绘图区中拾取一点，也可以在【X】、【Y】、【Z】等 3 个文本框中输入插入点的坐标值。

【比例】选项组用于确定图块的插入比例。

【旋转】选项组用于确定图块插入时的旋转角度。选中【在屏幕上指定】复选框可以直
接在绘图区中指定旋转的角度，也可以在【角度】文本框中输入图块的旋转角度。

【分解】复选框用于分解图块。选中此复选框，插入的图块不是一个独立的对象，而是
被还原为单独的图形对象。

（3）该对话框中的参数采用默认设置，单击【确定】按钮返回绘图区，如图 6-11 所示
的是在命令行"指定插入点或[基点(B)/比例(S)/旋转(R)]:"提示下，将"一米门"图块按不
同比例插入的效果图。

缩放比例＝1   缩放比例＝0.9   缩放比例＝0.7

图 6-11 按不同比例插入"一米门"图块的效果

6.5 图块的编辑

使用【块编辑器】命令，可以对当前文件中的图块进行编辑，以更新先前块的定义。

执行【块编辑器】命令主要有以下几种方法。

方法一：选择【工具】→【块编辑器】命令。

方法二：在命令行中输入"bedit"命令，然后按 Enter 键。

方法三：使用简写命令 BE，然后按 Enter 键。

【例 6-4】下面通过将如图 6-12 所示的"一米门"图块更新为如图 6-13 所示的状态，
学习使用【块编辑器】命令。

图 6-12 "一米门"图块   图 6-13 新的"一米门"图块

（1）继续例 6-3 操作。

（2）选择【工具】→【块编辑器】命令，打开【编辑块定义】对话框，如图 6-14 所示。

（3）在"一米门"图块上双击鼠标左键，打开如图 6-15 所示的块编辑窗口。

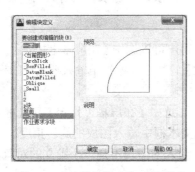

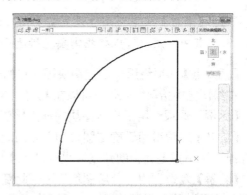

图 6-14 【编辑块定义】对话框   图 6-15 块编辑窗口

（4）分别选择【绘图】→【直线】命令、【修改】→【修剪】命令、【修改】→【删除】命令，得到如图 6-13 所示的图形。

（5）单击块编辑窗口上方的【保存块定义】按钮，将上述操作进行保存。

（6）单击【关闭块编辑器】按钮，返回绘图区，内部块"一米门"被更新，效果如图 6-13 所示。

6.6 属性块的创建与编辑

6.6.1 定义图块中元素的属性

属性是附属于图块的一种非图形信息，属性不能独立存在，用于对图块进行文字说明。

执行【定义属性】命令主要有以下几种方法。

方法一：选择【绘图】→【块】→【定义属性】命令。

方法二：在命令行中输入"attdef"命令，然后按 Enter 键。

方法三：使用简写命令 ATT，然后按 Enter 键。

【例 6-5】下面通过为图形定义文字属性，学习【定义属性】命令的使用方法和技巧。

（1）新建空白文件，并绘制一个直径 8 毫米的圆。

（2）选择【绘图】→【块】→【定义属性】命令，打开【属性定义】对话框。

（3）在【属性定义】对话框中，设置属性的标记名、提示说明、默认值、对正方式以及文字高度等参数，如图 6-16 所示。

图 6-16　【属性定义】对话框

🔔 提示：【模式】选项组主要用于控制属性的显示模式。其中，【不可见】复选框用于设置插入属性块后是否显示属性值；【固定】复选框用于设置属性是否为固定值；【验证】复选框用于设置在插入块时确认属性值是否正确；【预设】复选框用于将属性值定义为默认值；【锁定位置】复选框用于将属性位置进行固定；【多行】复选框用于设置多行的属性文本。当用户需要重复定义对象的属性时，可以选中【在上一个属性定义下对齐】复选框，系统将自动沿用上次设置的各属性的文字样式、对正方式以及高度等参数进行设置。

（4）单击【确定】按钮返回绘图区，在命令行"指定起点:"的提示下，捕捉圆心作为属性插入点，效果如图 6-17 所示。

当用户为图形定义了文字属性后，所定义的文字属性暂时以属性标记名显示。用户可以运用变量 ATTDISP，在命令行中进行设置或修改属性的显示状态等。

图 6-17　定义属性

6.6.2　更改图块中元素的属性

当定义了属性后，如果需要改变属性的标记、提示或默认值，可以选择【修改】→【对象】→【文字】→【编辑】命令，在命令行"选择注视对象或[放弃(U)]:"的提示下，选择需要编辑的属性系统，弹出如图 6-18 所示的【编辑属性定义】对话框。通过此对话框，用户可以修改属性定义的【标记】、【提示】或【默认】等参数设置。

图 6-18　【编辑属性定义】对话框

单击对话框中的【确定】按钮，属性按照修改后的标记、提示或默认值进行显示。

6.6.3　属性块

当为图形定义了属性后，并没有真正体现出属性的作用，下一步还需要将定义的文字属性和图形一起创建为属性块，然后在应用属性块时才可体现出属性的作用。

当用户插入了带有属性的图块后，可以使用【编辑属性】命令，对属性值以及属性的文字特性等内容进行修改。

执行【编辑属性】命令主要有以下几种方法。

方法一：选择【修改】→【对象】→【属性】→【单个】命令。

方法二：单击修改 II 工具栏上的 👁 按钮。

方法三：在命令行中输入"eattedit"命令，然后按 Enter 键。

【例 6-6】下面来学习属性块的创建、应用、快速修改及编辑等操作。

（1）选择【创建块】命令，将图 6-16 已经定义了属性的图形创建为属性块，其对话框参数设置如图 6-19 所示。

（2）单击【确定】按钮，打开如图 6-20 所示的【编辑属性】对话框，在此对话框中可以定义正确的文字属性值。

图 6-19　【块定义】对话框

图 6-20　【编辑属性】对话框

（3）在此设置轴线编号为 B，单击【确定】按钮，即创建了一个属性值为 B 的轴标号，效果如图 6-21 所示。

图 6-21　定义属性块

（4）选择【修改】→【对象】→【属性】→【单个】命令，在命令行"选择块:"提示下，选择属性块，打开如图 6-22 所示的【增强属性编辑器】对话框。

（5）设置【属性】选项卡中的【值】为 4，效果如图 6-23 所示。

图 6-22　【增强属性编辑器】对话框

图 6-23　修改结果

⚲ 提示：【属性】选项卡用于显示当前图形文件中所有属性块的属性标记、提示和默认值，
　　　　还可以修改属性块的属性值。另外，通过单击对话框右上角的【选择快】按钮⬚，
　　　　可以对当前图形中的其他属性块进行修改。

（6）选择【文字选项】选项卡，然后修改属性的【高度】和【宽度因子】数值，如
图 6-24 所示，属性块的显示效果如图 6-25 所示。

图 6-24　修改属性值　　　　　　　　　　　图 6-25　修改效果

（7）单击【确定】按钮，关闭【增强属性编辑器】对话框。

在如图 6-26 所示的【特性】选项卡中，可以修改
属性的【图层】、线型】、【颜色】和【线宽】等特性。

6.6.4　块属性管理器

【块属性管理器】命令用于对当前文件中的众多属
性块进行编辑管理，是一个综合性的属性块管理命令。
使用此命令，不但可以修改属性的标记、提示以及属
性默认值等属性的定义，还可以修改属性所在图层、颜
色、宽度及重新定义属性文字在图形中的显示。另外，它也可以用来修改属性块各属性值的
显示顺序以及从当前属性块中删除不需要的属性内容。

图 6-26　【特性】选项卡

执行【块属性管理器】命令主要有以下几种方法。

方法一：选择【修改】→【对象】→【属性】→【块属性管理器】命令。

方法二：单击修改 II 工具栏上的 按钮。

方法三：在命令行中输入"batman"命令，然后按 Enter 键。

激活【块属性管理器】命令后，系统打开如图 6-27 所示的【块属性管理器】对话框，
用于对当前图形文件中所有属性块的管理。

图 6-27　【块属性管理器】对话框

在执行【块属性管理器】命令时，当前图形文件中必须含有带有属性的图块。

下面针对此对话框中的重要参数进行详细讲解。

（1）【块】列表框：用于显示当前正在编辑的属性块的名称。用户可以选择其中的一个属性块，将其设置为当前需要编辑的属性块。

（2）属性列表框：列出了当前选择块的所有属性定义，包括属性【标记】、【提示】、【默认】和【模式】。在属性列表框的下方，标有所选择的属性块在当前图形和当前布局中相应块的总数目。

（3）【同步】按钮：用于更新已修改的属性特性，它不会影响在每个块中指定给属性的任意值。

（4）【上移】/【下移】按钮：用于修改属性值的显示顺序。

（5）【编辑】按钮：用于修改属性块的各属性的特性。

（6）【删除】按钮：用于删除在属性列表框中选中的属性定义。对于仅具有一个属性的块，此按钮不可使用。

单击【设置】按钮，可打开如图 6-28 所示的【块属性设置】对话框。其中，【在列表中显示】选项组用于设置在【块属性管理器】对话框中属性的具体显示内容；【将修改应用到现有参照】复选框用于将修改的属性应用到现有的属性块。

在默认情况中，所进行的属性更改将应用到当前图形中现有的所有块中。如果在对属性块进行编辑修改时，当前文件中的固定属性块或嵌套属性块受到一定影响，则可使用【重生成】命令更新这些块的显示。

图 6-28 【块属性设置】对话框

6.7 上机练习

1．绘制如图 6-29 所示的 1 米宽的门、定位轴线编号（直径 8mm、文字高 5mm）、1 米宽的窗（墙厚 240mm）、标高符号（符号高 3mm、文字高 3.5mm），将它们创建成图块。

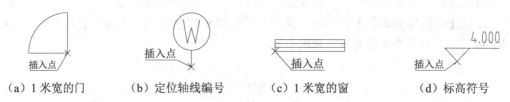

（a）1 米宽的门　　（b）定位轴线编号　　（c）1 米宽的窗　　（d）标高符号

图 6-29 最终效果

2．运用属性块知识，设计如图 6-30 所示的标题栏（提示：图名及设计单位字高 5mm 或 6mm，其他字高 3.5mm）。

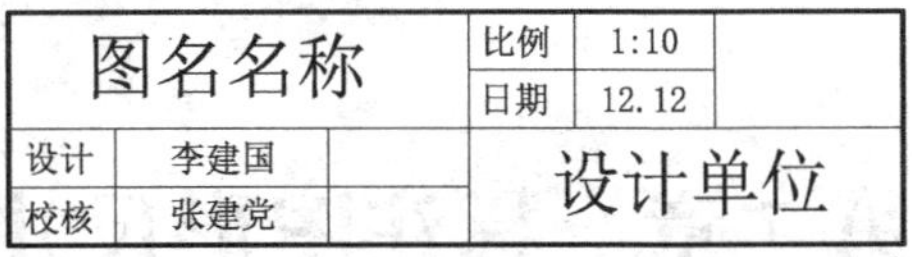

图 6-30 标题栏效果图

操作步骤提示如下：

（1）在标题栏中创建 A、B、C 和 D 这 4 项属性，各属性的位置如图 6-31 所示。

（2）创建属性的效果如图 6-32 所示。各属性项目包含的内容参见表 6-1。

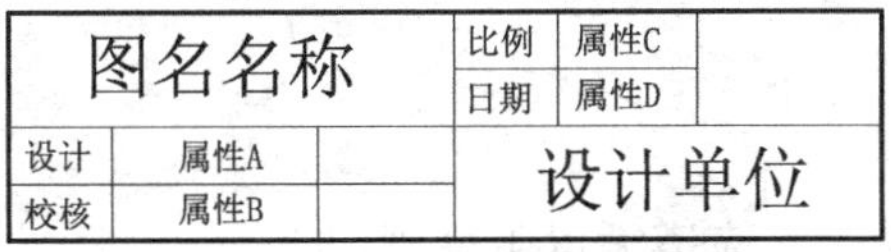

图 6-31 属性位置示意图

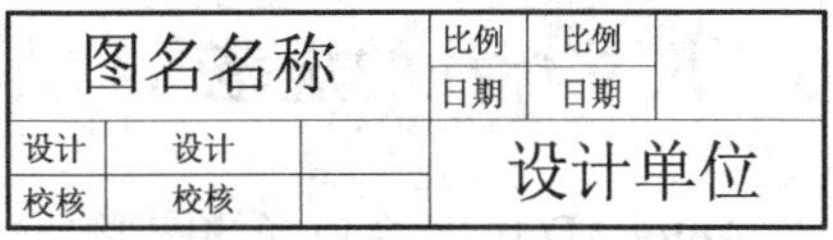

图 6-32 各属性项目包含的内容

表6-1 属性项目包含的内容

项　　目	标　记	提　示	值
属性 A	设计	设计人姓名	请填写姓名
属性 B	校核	校核人姓名	请填写姓名
属性 C	比例	绘图比例	请填写比例
属性 D	日期	绘图日期	请填写日期

（3）把已经定义了属性的标题栏创建为属性块，把该图形的右下角定义为插入的基点，然后保存文件。

（4）建立一个新文件，在此文件中插入已生成的标题栏，并填写属性信息，效果如图 6-30 所示。

第7章 标注图形尺寸

7.1 尺寸标注的基本知识

7.1.1 尺寸标注的规范

在 AutocAD 中对绘制好的图形进行尺寸标注时，应遵循以下规则：

（1）应以物体实际大小为依据标注尺寸，数据与绘图比例及绘图的准确度无关。

（2）图样中的尺寸一般以 mm 为单位，不需要标注单位的代号或名称。若使用其他单位，则须在图中注明计量单位的代号或名称，如 cm、m 等。

（3）标注尺寸应简明，一个尺寸只标一次，并应标在反映该结构最清晰的图形上。

（4）图样中所标注的尺寸为该图样所表示的物体的最后完工尺寸，否则应另加说明。

（5）在图形中，文字应采用长仿宋字体，数字采用 ISO 字体。

7.1.2 尺寸的组成

用户完成图形绘制后进行尺寸标注，尺寸标注应统一、有序。在标注尺寸前，用户应对尺寸标注各组成部分有所了解，并做好准备工作。利用 AutoCAD 的尺寸标注命令，可以方便快速地标注图纸中各种方向、形式的尺寸。

一个完整的尺寸标注由尺寸线、尺寸界线、尺寸起止符号和尺寸数字 4 个要素组成，如图 7-1 所示为建筑制图尺寸标注的例子，现分别介绍如下。

（1）尺寸线：指明所要测量尺寸的长短，用细实线单独绘制。

（2）尺寸界线：表明尺寸的界限。一般情况下尺寸界线垂直尺寸线。

（3）尺寸起止符号：位于尺寸线的两端，指明尺寸的界限。

（4）尺寸数字：指定尺寸界线之间的距离、角度等大小。

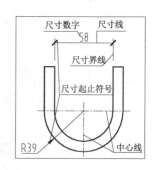

图 7-1 尺寸标注的 4 要素

7.1.3 尺寸的标注方法

工程图中的尺寸标注必须符合制图标准，目前，各国制图标准有许多不同之处，我国各行业制图标准对尺寸标注的要求也不完全相同。AutoCAD 是一个通用的绘图软件包，它允许用户根据需要自行创建尺寸标注样式。因此，在 AutoCAD 中标注尺寸时，首先应根据制图标准创建所需的尺寸标注样式。尺寸标注样式控制尺寸的 4 要素。

创建尺寸标注样式后，就能很容易进行尺寸标注。AutoCAD 可标注直线长度、角度大小、直径、半径及公差等。例如，标注如图 7-2 所示长度为 40 的尺寸，可选取该线段的两个端点，即指定尺寸界线的第 1 点和第 2 点，再指定尺寸线位置的第 3 点，即可完成标注。

在 AutoCAD 中，应使用【标注样式管理器】对话框创建尺寸标注样式。

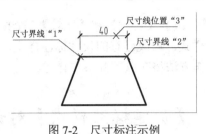

图 7-2　尺寸标注示例

7.2　标注样式管理器

【标注样式管理器】对话框的打开方法如下。

方法一：在功能区中单击【常用】选项卡→【注释】面板→【标注样式】按钮 。

方法二：选择【标注】→【标注样式】命令。

方法三：单击标注工具栏上的【标注样式】 按钮。

方法四：运行 dimstyle 命令。

输入命令后，AutoCAD 弹出【标注样式管理器】对话框，如图 7-3 所示。在该对话框中，各选项的含义如下。

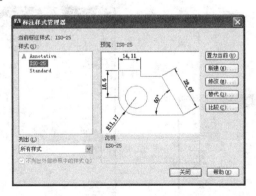

图 7-3　【标注样式管理器】对话框

1.　【样式】区

【样式】列表框中显示当前图中已有的尺寸标注样式名称。【列出】下拉列表框控制【样式】列表框中显示的尺寸标注样式名称的范围。在图 7-3 中，选择【所有样式】选项，即在【样式】列表框中显示当前图中全部尺寸标注样式名称。

2．【预览】区

【预览】区标题的冒号后显示的是当前尺寸标注样式的名称。该区中的图形为当前尺寸标注样式的示例，【说明】区中显示当前尺寸标注样式的描述。

3．按钮区

【置为当前】、【新建】、【修改】、【替代】和【比较】5 个按钮分别用于设置当前尺寸标注样式、创建新的尺寸标注样式、修改已有的尺寸标注样式、替代的尺寸标注样式和比较两种尺寸标注样式，具体操作方法将在以下几节中详述。

7.3 【新建标注样式】对话框

创建新的标注样式前，应先了解【新建标注样式】对话框中各选项卡的含义。

【新建标注样式】对话框可通过下列步骤打开。

（1）单击【标注样式管理器】对话框中的【新建】按钮，弹出【创建新标注样式】对话框，如图 7-4 所示。然后在【新样式名】文本框中输入新建的样式名称，默认为【副本 ISO-25】；在【基础样式】下拉列表框中选择新建样式的基础样式，新建样式即在该基础样式的基础上进行修改而成，默认为【ISO-25】；【用于】下拉列表框控制新建标注的应用范围；选中【注释性】复选框，可自动完成缩放注释的过程，使注释能够以正确的大小在图纸上打印或显示。

（2）单击【创建新标注样式】对话框中的【继续】按钮，将弹出【新建标注样式】对话框，如图 7-5 所示。

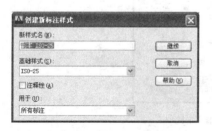

图 7-4 【创建新标注样式】对话框　　　　图 7-5 【新建标注样式】对话框

【新建标注样式】对话框中有 7 个选项卡，各项含义如下。

1．【线】选项卡

该选项卡用于控制尺寸线、尺寸界线的标注形式，分【尺寸线】和【尺寸界线】两个区（不包括预览区）。

（1）【尺寸线】选项组

◆ 【颜色】、【线型】和【线宽】下拉列表框：设置尺寸线的颜色、线型、线宽，一般
设为随层或随块。

◆ 【超出标记】调整框：指定尺寸起止符号为斜线时，尺寸线超出尺寸界线的长度，
效果如图 7-6 所示，制图标准设为 0。

◆ 【基线间距】调整框：指定执行基线尺寸标注方式时，两条尺寸线之间的距离，效
果如图 7-7 所示，一般设为 7～10mm。

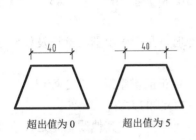

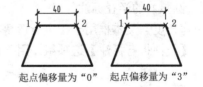

图 7-6　尺寸线超出的示例　　　　　　图 7-7　尺寸线间距控制示例

◆ 【隐藏】复选框：选中该复选框将不显示该尺寸线。

（2）【尺寸界线】选项组

【颜色】、【尺寸界线 1 的线型】、【尺寸界线 2 的线型】、【线宽】、【隐藏】与【尺寸线】
选项组的对应选项含义相同。

◆ 【超出尺寸线】调整框：指定尺寸界线超出尺寸线的长度，制图标准规定该值为 2～
3mm，效果如图 7-8 所示。

◆ 【起点偏移量】调整框：指定尺寸界线相对于起点偏移的距离。该起点是在进行尺
寸标注时用光标捕捉（一般为交点模式）方式指定的。图 7-9 中的"1"点、"2"
点即为光标捕捉指定的尺寸界线起点，而实际的尺寸界线起点按所给的偏移距离
与图形拉开一段。土木类制图的尺寸界线的起点不小于 2mm，效果如图 7-9 所示。

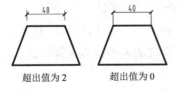

图 7-8　尺寸界线延长的示例　　　　　　图 7-9　尺寸界线起点偏移示例

◆ 【固定长度的尺寸界线】复选框：选中该复选框将固定尺寸界线的长度；反之，尺
寸界线的长度由绘图者根据需要而定。

2. 【符号和箭头】选项卡（有关图例参考 7.7 节相关内容）

该选项卡用于控制尺寸的起止符号（箭头）、圆心标记的形式和大小、弧长符号的形式

和位置、半径标注折弯角度大小，分为【箭头】、【圆心标记】、【折断标注】、【弧长符号】、【半径折弯标注】、【线性折弯标注】等 6 个选项组，如图 7-5 所示。

（1）【箭头】（即尺寸起止符号）选项组：【第一个】、【第二个】和【引线】3 个下拉列表框分别用于设置第一个尺寸线箭头、第二个尺寸线箭头及引线箭头的类型。下拉列表框列出了 19 种标准库中尺寸线起止符号的名称及图例。

📖 说明：土木类制图尺寸起止符号主要用建筑标记：☑。水工图及路桥图也可用箭头作尺寸起止符号。

【箭头大小】调整框用于确定尺寸起止符号长度的大小。例如箭头的长度、45°斜线的长度、圆点的大小等，按制图标准应设在 3mm 左右。

（2）【圆心标记】选项组：确定执行【圆心标记】命令时，是否画出圆心标记及如何画出圆心标记。

【无】、【标记】和【直线】3 个单选按钮用于选择圆心标记的类型或无圆心标记。

【标记】单选按钮右边的数值框用于设置圆心标记或中心线的大小。

（3）【折断标注】选项组：AutoCAD 允许在尺寸线或尺寸界线与其他线重叠处打断尺寸线或尺寸界线。该选项组可设置折断标注的间距大小，如图 7-10 所示。

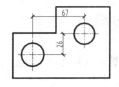 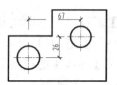

（a）标注无折断 （b）标注有折断

图 7-10 折断标注示例

（4）【弧长符号】选项组：执行该命令时，是否画出弧长符号及弧长符号的位置。【标注文字的前缀】、【标注文字的上方】、【无】3 个单选按钮可选择弧长符号的位置或无弧长符号，如图 7-11 所示。

（5）【半径折弯标注】选项组：可设置折弯角度的大小，主要用于圆心位置不在图形中的大圆（圆弧）的半径标注。

【折弯角度】文本框用于指定折弯角度的大小，一般为 45°，如图 7-11 所示。

（6）【线性折弯标注】选项组：用于设置形成折弯角度的两个顶点之间的距离。

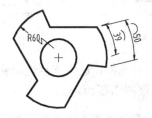

图 7-11 "十字"圆心标记、两种弧长符号标注、半径折弯标注示例

3.　【文字】选项卡

主要用来选定尺寸数字的样式及设定尺寸数字高度、位置和对齐方式等，分【文字外观】、【文字位置】和【文字对齐】3 个选项组。

（1）【文字外观】选项组

◆　【文字样式】、【文字颜色】和【填充颜色】3 个下拉列表框：可选择尺寸数字的文字样式、颜色和填充颜色。

◆　【文字高度】调整框：指定尺寸数字的字高，一般设置为 3.5mm。

◆　【分数高度比例】调整框：仅当【主单位】选择【分数】作为单位格式时，此选项才可用。该调整框可设置基本尺寸中分数数字的高度。在其中输入一个数值，AutoCAD 将用该数值与尺寸数字高度的乘积指定基本尺寸中分数数值的高度。

◆　【绘制文字边框】开关：控制是否给尺寸数字绘制边框，例如，打开它，尺寸数字 60 注写为 60 的形式。

（2）【文字位置】选项组

◆　【垂直】下拉列表框：控制尺寸数字在尺寸线垂直方向的位置，有 5 个选项，效果如图 7-12 所示。

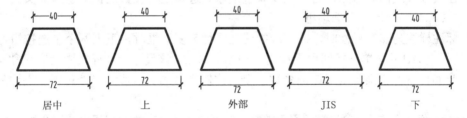

图 7-12　文字垂直位置选项示例

◆　【水平】下拉列表框：控制尺寸数字在尺寸线水平方向的位置，有 5 个选项。效果如图 7-13 所示（设定文字的垂直位置在【上方】，文字对齐设为【与尺寸线对齐】）。

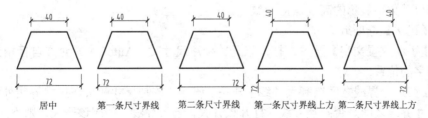

图 7-13　水平对齐选项示例

◆　【从尺寸线偏移】调整框：确定尺寸数字放在尺寸线上方时，尺寸数字底部与尺寸线之间的距离，一般设为 0.7mm～1.5mm。

（3）【文字对齐】选项组：该选项组用于控制尺寸数字的字头方向是水平向上还是与尺寸线平行，如图 7-14 所示。

◆　【水平】单选按钮：尺寸数字字头永远水平向上，主要用于引出标注和角度标注。

◆　【尺寸线对齐】单选按钮：尺寸数字字头方向与尺寸线平行，用于直线尺寸标注。

◆ 【ISO 标准】单选按钮：尺寸数字字头方向符合国际制图标准，即尺寸数字在尺寸界线内时，字头方向与尺寸线平行；在尺寸界线外时，字头永远水平向上。

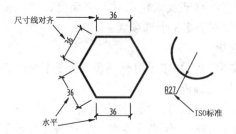

图 7-14　【水平】、【尺寸线对齐】、【ISO 标准】的文字对齐方式

4. 【调整】选项卡

主要用来调整各尺寸要素之间的相对位置，分【调整选项】、【文字位置】、【标注特征比例】和【优化】4 个选项组。

（1）【调整选项】、【文字位置】选项组

用于控制标注文字、箭头、引线和尺寸线的放置。如果有足够大的空间，文字和箭头都将放在尺寸界线内。否则，将按照【调整选项】选项组的设置放置文字和箭头。

（2）【标注特征比例】选项组

当标注样式为非注释性时，即不选中【注释性】复选框时，下列两个单选按钮可用。

【使用全局比例】单选按钮用于设定全局比例系数。该尺寸标注样式中所有尺寸 4 要素的大小及偏移量都会乘上全局比例系数，全局比例系数的默认值为 1，可以在右边的调整框中指定。

【将标注缩放到布局】单选按钮用于控制在图纸空间还是在模型空间中使用全局比例系数。

当标注样式为注释性时，即选中【注释性】复选框，意味着标注样式中所有尺寸 4 要素的大小由【线】、【符号和箭头】、【文字】3 选项的设置来定。通过指定图纸高度或视口比例，在图纸中输入文字或标注尺寸，注释性很容易让同一图形在不同比例的布局视口里的文字和尺寸数字显示的高度保持一致。

（3）【优化】选项组

◆ 【手动放置文字】开关：打开该开关标注尺寸时，AutoCAD 允许自行指定尺寸数字的位置。

◆ 【在尺寸界线之间绘制尺寸线】开关：该开关控制尺寸箭头在尺寸界线外时，两尺寸界线之间是否画尺寸线。打开该开关，画尺寸线；关闭该开关，则不画尺寸线。效果如图 7-15 所示，一般打开该开关。

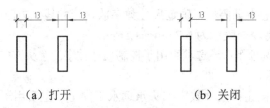

（a）打开　　　　　　　　　（b）关闭

图 7-15　【在尺寸界线之间绘制尺寸线】开关效果

5. 【主单位】选项卡

用来设置基本尺寸单位的格式和精度，并设置尺寸数字的前缀和后缀，分为【线性标注】、【角度标注】两个选项组。

（1）【线性标注】选项组

用于控制线性基本尺寸度量单位及尺寸数字中的前缀和后缀。

◆ 【单位格式】下拉列表框：设置线性尺寸单位格式，包括科学、小数（即十进制数）、工程、建筑、分数、Windows 桌面等。其中，小数为默认设置。

◆ 【精度】下拉列表框：设置线性基本尺寸小数点后保留的位数。

◆ 【分数格式】下拉列表框：设置线性基本尺寸中分数的格式，包括【对角】、【水平】和【非堆叠】3 个选项，只用于单位格式为【建筑】、【分数】两种单位。

◆ 【小数分隔符】下拉列表框：指定十进制单位中小数分隔符的形式，包括句点、逗号和空格，一般使用句点。

◆ 【舍入】调整框：为除角度之外的标注类型设置标注测量值的舍入规则，如果输入0.25，则所有标注距离都以 0.25 为单位进行舍入。如果输入 1.0，则所有标注距离都将舍入为最接近的整数。小数点后显示的位数取决于精度设置。

◆ 【前缀】文本框：用于在尺寸数字前加前缀，可以输入文字或使用控制代码显示特殊符号。例如，输入控制代码%%c 显示直径符号。

🔔 提示：当输入前缀时，将覆盖在直径和半径等标注中使用的任何默认前缀。

◆ 【后缀】文本框：用于在尺寸数字后加后缀（如 183cm）。

◆ 【比例因子】调整框：为线性尺寸设置比例因子。当按不同比例绘图时，可直接注出实际物体的大小。例如，绘图时将尺寸缩小为原来的$\frac{1}{10}$绘制，即绘图比例为 1:10，那么设置比例因子为 10，AutoCAD 自动把测量值扩大 10 倍标注尺寸。

◆ 【仅应用到布局标注】开关：打开此开关，比例因子仅用于布局中的尺寸。

◆ 【前导】开关：控制是否显示前导 0。打开前导开关，将不显示十进制尺寸整数 0。例如，"0.80"显示为".80"。

◆ 【后续】开关：控制是否显示后续 0。打开后续开关，将不显示十进制尺寸小数后的 0。例如，"0.80"显示为"0.8"。

（2）【角度标注】选项组

用于控制角度基本尺寸度量单位、精度及角度数字中 0 的显示，各选项的含义与【线性标注】选项组对应选项相同。

6. 【换算单位】选项卡

设置换算尺寸单位的格式和精度，并设置尺寸数字的前缀和后缀。其中各操作项与【主单位】选项卡的同类项基本相同，在此不再详述了。

7. 【公差】选项卡

控制尺寸公差标注形式、公差值大小及公差数字的高度及位置，主要用于机械制图，如图 7-16 所示，在此不再详述了。

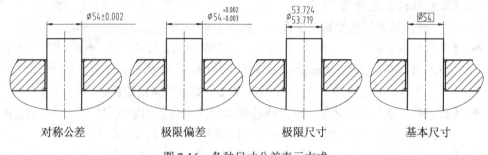

图 7-16　各种尺寸公差表示方式

7.4　创建新的尺寸标注样式

7.4.1　创建"线性尺寸"标注样式

在绘制工程图中，使用尺寸标注样式可以控制尺寸标注的格式和外观，可以满足不同行业的标注规范，应把绘图中常用的尺寸标注形式创建为标注样式。在标注尺寸时，需用哪种标注样式，就将它设为当前标注样式，这样可提高绘图效率，并且便于修改。下面创建土木类制图中常见的线性尺寸标注样式，如图 7-17 所示。

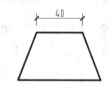

图 7-17　标注样式设置实例

创建过程按以下步骤操作：

（1）单击标注工具栏上的 按钮，在弹出的【标注样式管理器】对话框中单击【新建】按钮，弹出【创建新标注样式】对话框，如图 7-18 所示。

（2）在【基础样式】下拉列表框中选择一种与所要创建的尺寸标注样式相近的尺寸标注样式作为基础样式（如果没有创建过标注样式，只有以 ISO-25 为基础样式）。

（3）在【新样式名】文本框中输入创建的尺寸标注样式的名称【土木】。

（4）单击【继续】按钮，弹出【新建标注样式】对话框，各选项卡的设置如图 7-19～图 7-21 所示，【换算单位】与【公差】两选项卡在本样式中不需要设置。

图 7-18　【创建新标注样式】对话框

（5）设置完成后，单击【确定】按钮，返回【标注样式管理器】对话框，AutoCAD 存储新创建的土木尺寸标注样式，并在【样式】列表框中显示土木尺寸标注样式。

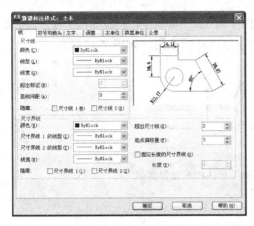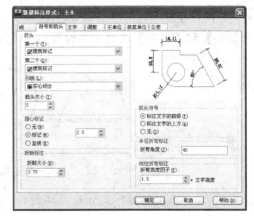

图 7-19　土木尺寸标注样式中【线】和【符号和箭头】选项卡的设置

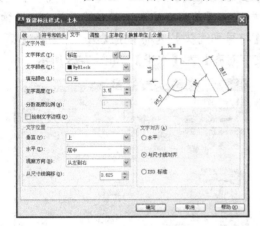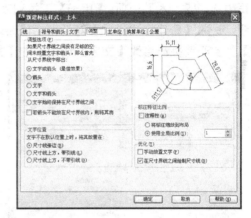

图 7-20　土木尺寸标注样式中【文字】和【调整】选项卡的设置

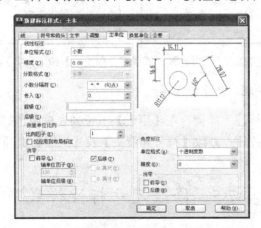

图 7-21　土木尺寸标注样式中【主单位】选项卡的设置

7.4.2　创建"角度、圆、圆弧"尺寸标注样式

制图标准中规定，标注角度时，角度数字一律水平书写，标注圆、圆弧的直径或半径

尺寸时，在直径或半径数字前应加注 Ø 或 R。由于过圆心都画出了中心线，因而它们的【符号和箭头】和【文字】选项卡的设置与线性尺寸标注有所不同，如图 7-22 所示。

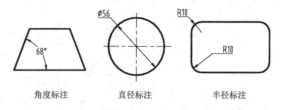

角度标注　　　　　直径标注　　　　　半径标注

图 7-22 "角度、圆、圆弧"标注样式设置实例

1. 创建"角度标注"尺寸标注样式

创建过程与"线性标注"类同，在【创建新标注样式】对话框的【基础样式】下拉列表框中选择【土木】选项；【用于】下拉列表框选择【角度标注】选项，然后单击【继续】按钮，进入【新建标注样式】对话框，修改【符号和箭头】选项卡中【第一个】及【第二个】为实心箭头；修改【文字】选项卡中【文字对齐】为【水平】，如图 7-23 所示。

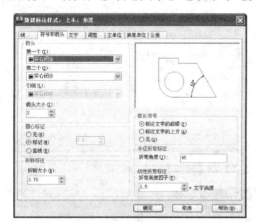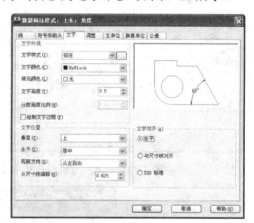

图 7-23 "角度标注"尺寸标注样式【符号和箭头】和【文字】选项卡的设置

2. 创建"直径与半径"尺寸标注样式

创建过程与"角度标注"类同，在【用于】下拉列表框中选择【直径或半径标注】选项，然后单击【继续】按钮，修改【符号和箭头】及【文字】选项卡中相应的选项即可。

7.5 修改尺寸标注样式

若要修改某一种尺寸标注样式，可按以下步骤操作：

（1）从【标注】面板或标注工具栏等地方单击 按钮，弹出【标注样式管理器】对话框。

（2）从【样式】列表框中选择所要修改的尺寸标注样式名，然后单击【修改】按钮，弹出【修改标注样式】对话框。

（3）在【修改标注样式】对话框中进行所需的修改（该对话框与【创建新标注样式】对话框内容完全相同，操作方法也一样）。

（4）修改后单击【确定】按钮，AutoCAD 按原有样式名存储所做的修改，并返回【标注样式管理器】对话框，完成修改。

（5）单击【关闭】按钮，结束命令。

修改后，所有用该尺寸标注样式标注的尺寸（包括已经标注和将要标注的尺寸）均自动按新设置的尺寸标注样式进行更新。

7.6　尺寸标注样式的替代

在标注尺寸时，常常有个别尺寸与所设尺寸标注样式相近但不相同。若修改相近的尺寸标注样式，将使所有用该样式标注的尺寸都发生改变；若再创建新的尺寸标注样式又显得很繁琐。AutoCAD 提供了尺寸标注样式替代功能，可设置一种临时的尺寸标注样式，方便地解决了这一问题。

操作过程如下：

（1）从【标注】面板或标注工具栏等地方单击 按钮，弹出【标注样式管理器】对话框。

（2）从【样式】列表框中选择相近的尺寸标注样式，然后单击【替代】按钮，弹出【替代标注样式】对话框。

（3）在【替代标注样式】对话框中进行所需的修改（该对话框与【创建新标注样式】对话框的内容完全相同，操作方法也一样）。

（4）修改后单击【确定】按钮，返回【标注样式管理器】对话框，AutoCAD 将在所选样式下自动生成一个临时尺寸标注样式，并在【样式】列表框中显示 AutoCAD 定义的临时尺寸标注样式名称。

7.7　标注尺寸的方式

AutoCAD 2013 提供了多种标注尺寸的方式，可根据需要进行选择。在标注尺寸时，一般应打开对象捕捉模式，这样可准确、快速地标注尺寸。

7.7.1　线性标注

设置所需的尺寸标注样式为当前标注样式后，可用该方式标注一般水平或垂直的尺寸。如图 7-17 所示为用【线性】命令标注的线性尺寸。

1. 输入命令

方法一：在功能区，单击【注释】面板→【标注】→【线性】按钮 。

方法二：单击标注工具栏上的【线性】按钮┠┤。

方法三：从菜单中选择【标注】→【线性】命令。

方法四：从键盘中输入"dimlinear"命令。

2. 命令的操作

命令：dimlinear
指定第一个尺寸界线原点或(选择对象)： （指定第一个尺寸界原点）
指定第二条尺寸界线原点： （指定第二条尺寸界线原点）
指定尺寸线位置或 [多行文字(M)/文字(T)/角度(A)/水平(H)/垂直(V)/旋转(R)]:

若直接指定尺寸线位置，AutoCAD 将按测定的尺寸数字完成标注。

若需要设置选项，上述提示行各选项的含义如下。

（1）【多行文字】、【文字】选项：用多行文字或单行文字方式重新指定尺寸数字，如图 7-24（b）中"45"为改动过的尺寸数字。

（2）【角度】选项：指定尺寸数字的旋转角度（字头方向向上为零角度），如图 7-24（a）中数字"72"为转动了 45°角的标注。

（3）【水平】选项：指定尺寸线水平标注（实际可直接拖动）。

（4）【垂直】选项：指定尺寸线铅垂标注（实际可直接拖动）。

（5）【旋转】选项：指定尺寸线与尺寸界线的旋转角度（以原尺寸线为零起点），如图 7-24（b）中数字"50"为旋转了 45°角的标注。

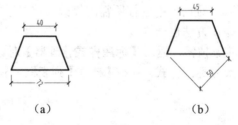

（a）　　　　　　　　　　（b）

图 7-24　线性标注中【多行文字】、【文字】、【角度】、【旋转】选项的应用示例

7.7.2　对齐标注

在对齐标注中，尺寸线平行于尺寸界线原点连成的直线，如图 7-25 所示。

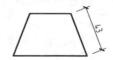

图 7-25　对齐标注示例

1. 输入命令

方法一：在功能区，单击【注释】面板→【标注】→【对齐】按钮。

方法二：单击标注工具栏上的【对齐】按钮

方法三：从菜单中选择【标注】→【对齐】命令。

方法四：从键盘中输入"dimaligned"命令。

2. 命令的操作

命令: dimaligned
指定第一个尺寸界线原点或(选择对象): （指定第一个尺寸界线原点）
指定第二条尺寸界线原点: （指定第二条尺寸界线原点）
指定尺寸线位置或[多行文字(M)/文字(T)/角度(A)]:

若直接指定尺寸线位置，AutoCAD 将按测定尺寸数字完成标注，效果如图 7-25 所示。
若需要设置选项，各选项含义与线性尺寸标注选项相同。

7.7.3 连续标注

设置所需的尺寸标注样式为当前标注样式后，可用该方式快速地标注首尾相接的若干
个连续尺寸。如图 7-26 所示为选择土木尺寸标注样式，采用连续尺寸标注方式标注的一组
线性尺寸及角度尺寸。

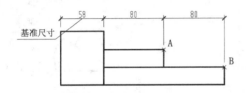
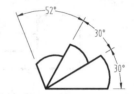

（a）连续标注用于线性尺寸标注　　　　　（b）连续标注用于角度尺寸标注

图 7-26　连续尺寸标注示例

1. 输入命令

方法一：在功能区，单击【注释】面板→【标注】→【连续】按钮 |||。

方法二：单击标注工具栏上的【连续】按钮 |||。

方法三：从菜单中选择【标注】→【连续】命令。

方法四：从键盘中输入"dimcontinue"命令。

2. 命令的操作

以图 7-26（a）的连续尺寸为例，先用线性尺寸标注方式标注出基准尺寸，然后再标注
连续尺寸，每一个连续尺寸都将以前一个尺寸的第二条尺寸界线为第一条尺寸界线进行标
注。标注连续尺寸的操作过程如下。

命令: dimcontinue
指定第二条尺寸界线原点或 [放弃(U)/选择(S)]<选择>: （指定第一个连续尺寸的第二条尺寸界线原
点 A）（注出一个尺寸"80"）
指定第二条尺寸界线原点或 [放弃(U)/选择(S)]<选择>: （指定第二个连续尺寸的第二条尺寸界线原

点 B）（又注出一个尺寸"80"）

　指定第二条尺寸界线原点或 [放弃(U)/选择(S)]<选择>:　（按 Enter 键结束该连续标注）

　选择连续标注:　（可另选择一个基准尺寸标注连续尺寸或按 Enter 键结束命令）

（1）在"指定第二条尺寸界线原点或[放弃(U)/选择(S)]<选择>:"提示中，选择 U 选项，可撤销前一个连续尺寸；选择 S 选项，允许重新指定连续尺寸第一条尺寸界线的位置。

（2）所注连续尺寸数值只能使用 AutoCAD 内测值，结束该命令后才能更改。

7.7.4　基线标注

设置所需的尺寸标注样式为当前标注样式后，可用该方式快速标注具有同一起点的若干个相互平行、间距相等的尺寸。如图 7-27 所示为选择土木尺寸标注样式，采用基线尺寸标注方式标注的一组线性和角度尺寸，考虑该图形较大，将土木尺寸标注样式里【调整】选项卡中的【使用全局比例】改为 2。

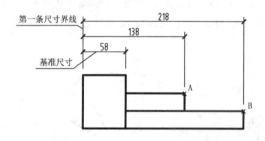
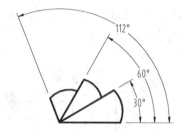

（a）基线标注用于线性尺寸标注　　　　　　　（b）基线标注用于角度尺寸标注

图 7-27　基线尺寸标注示例

1. 输入命令

方法一：在功能区，单击【注释】面板→【标注】→【基线】按钮 ⊟。

方法二：单击标注工具栏上的【基线】按钮 ⊟。

方法三：从菜单中选择【标注】→【基线】命令。

方法四：从键盘中输入"dimbaseline"命令。

2. 命令的操作

以图 7-27（a）的一组水平尺寸为例，先用线性尺寸标注方式标注基准尺寸，然后再标注基线尺寸，每一个基线尺寸都将以基准尺寸的第一条尺寸界线为第一条尺寸界线标注尺寸。标注基线尺寸的操作过程如下。

命令: dimbaseline

　指定第二条尺寸界线原点或 [放弃(U)/选择(S)]<选择>:　（指定第一个基线尺寸的第二条尺寸界线起点 A）（注出一个尺寸"138"）

　指定第二条尺寸界线原点或 [放弃(U)/选择(S)]<选择>:　（指定第二个基线尺寸的第二条尺寸界线起点 B）（又注出一个尺寸"218"）

指定第二条尺寸界线原点或 [放弃(U)/选择(S)]<选择>: （按 Enter 键结束该基线标注）

选择基准标注: （可另选择一个基准尺寸标注基线尺寸或按 Enter 键结束命令）

（1）"指定第二条尺寸界线原点或[放弃(U)/选择(S)]<选择>:"提示中，U、S 选项的含义与连续尺寸标注中的相同。

（2）各基线尺寸间距离是在尺寸样式中设定的，一般设置为 8～10mm。

（3）所注基线尺寸数值也只能使用 AutoCAD 内测值，结束该命令后才能更改。

7.7.5　直径和半径标注

直径和半径标注可标注圆或圆弧的直径或半径。标注时，选择需标注的圆或圆弧，确定尺寸线的位置，拖动尺寸线，即可以标注直径或半径。输入文字时，如选用 AutoCAD 的默认值，那么半径符号 R 或直径符号 Ø 会自动加注。如图 7-28（a）和图 7-28（c）所示为用土木标注样式标注的半径和直径尺寸。

1. 输入命令

方法一：在功能区，单击【注释】面板→【标注】→【直径】/【半径】按钮◯◯。

方法二：单击标注工具栏上的【直径】/【半径】按钮◯◯。

方法三：从菜单中选择【标注】→【直径】/【半径】命令。

方法四：从键盘中输入 "dimdiameter/dimradius" 命令。

2. 命令的操作

命令: dimdiameter/dimradius

选择圆弧或圆: （选择圆弧或圆）

指定尺寸线位置或 [多行文字(M)/文字(T)/角度(A)]: （拖动鼠标确定尺寸线位置）

若直接指定尺寸线位置，AutoCAD 将按测定尺寸数字完成直径或半径标注。

若需要设置选项，各选项含义与线性尺寸标注的相同。

7.7.6　大圆弧标注（折弯标注）

折弯标注通常用于标注圆弧或圆的中心位于较远位置时的情况，设置所需的尺寸标注样式为当前标注样式后，可用该方式标注圆弧的半径，如图 7-28（b）所示。

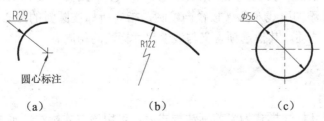

（a）　　　　　　　　　　（b）　　　　　　　　　　（c）

图 7-28　半径、大圆弧及直径尺寸标注示例

1．输入命令

方法一：单击标注工具栏上的【折弯】按钮。
方法二：从菜单中选择【标注】→【折弯】命令。
方法三：从键盘中输入"dimjogger"命令。

2．命令的操作

命令: dimjogger
选择圆弧或圆: （选择圆弧或圆）
指定中心位置替代: （沿中心位置方向指定点）
指定尺寸线位置或 [多行文字(M)/文字(T)/角度(A)]: （拖动鼠标确定尺寸线位置）
指定折弯位置: （拖动鼠标确定折弯位置）

若直接指定尺寸线位置，AutoCAD 将按测定尺寸数字完成尺寸标注。
若需要设置选项，各选项含义与线性尺寸标注的相同。

7.7.7　弧长标注

设置所需的尺寸标注样式为当前标注样式后，可选用该方式标注弧长大小，如图 7-11 所示。

1．输入命令

方法一：在功能区，单击【注释】面板→【标注】→【弧长】按钮。
方法二：单击标注工具栏上的【弧长】按钮。
方法三：从菜单中选择【标注】→【弧长】命令。
方法四：从键盘中输入"dimarc"命令。

2．命令的操作

命令: dimarc
选择弧线段或多段线弧线段: （选择圆弧）
指定弧长标注位置或[多行文字(M)/文字(T)/角度(A)/部分(P)/引线(L)]:

若直接指定弧长标注位置，AutoCAD 将按测定弧长大小完成标注，效果如图 7-11 中弧长"50"所示；若选择【部分】选项，效果如图 7-11 中弧长"39"所示；若选择【引线】选项，为弧长尺寸添加引线对象（按径向绘制，指向所标注圆弧的圆心），仅当圆弧大于90°时才会显示此选项。其他选项含义与线性尺寸标注的相同。

7.7.8　坐标标注

设置所需的尺寸标注样式为当前标注样式后，可用该方式标注图形中特征点的 X、Y 坐标，如图 7-29 和图 7-30 所示。

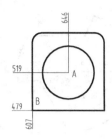

图 7-29　用坐标直接给特征点标注坐标值

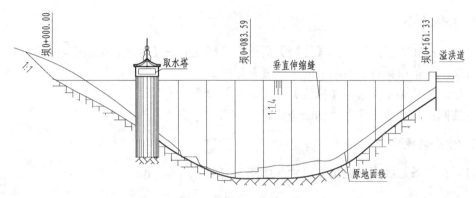

图 7-30　改变坐标值标注水利枢纽坝桩号

1. 输入命令

方法一：在功能区，单击【注释】面板→【标注】→【坐标】按钮。

方法二：单击标注工具栏上的【坐标】按钮。

方法三：从菜单中选择【标注】→【坐标】命令。

方法四：从键盘中输入"dimordinate"命令。

2. 命令的操作

命令: dimordinate
指定点坐标:（指定要标注坐标的点，如图 7-29 中的 A 或 B 点）
指定引线端点或 [X 基准(X)/Y 基准(Y)/多行文字(M)/文字(T)/角度(A)]:

如果直接指定引线端点，AutoCAD 将按测定坐标值完成坐标标注，如图 7-29 中 A 点坐标为 X＝646，Y＝519；B 点坐标为 X＝607，Y＝479。

如果需要改变坐标值，可选择 T 或 M 选项，给出新坐标值，再指定引线端点即完成标注（如图 7-30 所示，在坝桩号处标注的数据）。

7.7.9　角度标注

设置所需的尺寸标注样式为当前标注样式后，用该方式标注角度尺寸，即可标注两条非平行线间圆弧及圆弧对应的角度，如图 7-31 所示。

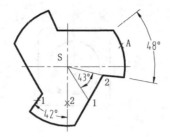

图 7-31　角度尺寸标注

1. 输入命令

方法一：在功能区，单击【注释】面板→【标注】→【角度】按钮△。

方法二：单击标注工具栏上的【角度】按钮△。

方法三：从菜单中选择【标注】→【角度】命令。

方法四：从键盘中输入"dimangular"命令。

2. 命令的操作

（1）在两条直线间标注角度尺寸（如图 7-31 中的 43°角）

命令: dimangular

选择圆弧、圆、直线或（指定顶点）:（点取第一条直线"1"）

选择第二条直线:（点取第二条直线"2"）

指定标注弧线位置或[多行文字(M)/文字(T)/角度(A)/象限点(Q)]:

若直接指定尺寸线位置，AutoCAD 将按测定尺寸数字完成尺寸标注。

若需要设置选项，大部分选项含义与线性尺寸标注的相同。

选择【象限点】选项，可使角度尺寸数字位于尺寸界线之外，如图 7-32（c）所示。如果在前面提示下直接拖动鼠标确定尺寸弧线的位置，当光标位于两条尺寸界线之内时，效果如图 7-32（a）所示，而当光标位于两条尺寸界线之外时，效果如图 7-32（b）所示，即标不出如图 7-32（c）所示的效果。

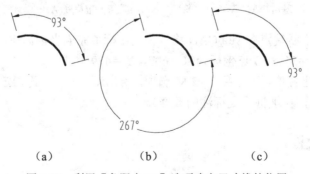

（a）　　　　　（b）　　　　　（c）

图 7-32　利用【象限点(Q)】选项确定尺寸线的位置

（2）对整段圆弧标注角度尺寸（如图 7-31 中的 48°角）

命令: dimangular
选择圆弧、圆、直线或（指定顶点）：（点取圆弧上任意一点 A）
指定标注弧线位置或[多行文字(M)/文字(T)/角度(A) /象限点(Q)]:

若直接指定尺寸线位置，AutoCAD 将按测定尺寸数字完成尺寸标注。
若需要设置选项。

（3）三点形式的角度标注（如图 7-31 中的 42°角）

命令: dimangular
选择圆弧、圆、直线或（指定顶点）：（直接按＜Enter＞键）
指定角顶点：（指定角顶点 S）
指定角的第一个端点:（指定第一条边端点"1"）
指定角的第二个端点:（指定第二条边端点"2"）
指定标注弧线位置或[多行文字(M)/文字(T)/角度(A) /象限点(Q)]:

若直接指定尺寸线位置，AutoCAD 将按测定尺寸数字完成尺寸标注。
若需要设置选项。

7.7.10　快速标注

【快速标注】命令可实现用更简捷的方法标注线性尺寸、坐标尺寸、半径尺寸、直径尺寸和连续尺寸等。调用该命令时，只需选择要标注的对象，AutoCAD 就针对不同的标注对象自动选择合适的标注类型，并快速标注尺寸，如图 7-33 所示。

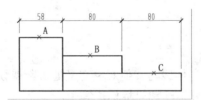

图 7-33　快速标注尺寸

1. 输入命令

方法一：在功能区，单击【注释】面板→【标注】→【快速标注】按钮。
方法二：单击标注工具栏上的【快速标注】按钮。
方法三：从菜单中选择【标注】→【快速标注】命令。
方法四：从键盘中输入"qdim"命令。

2. 命令的操作（以图 7-33 为例）

命令: qdim
选择要标注的几何图形:（选择一条直线 A）
选择要标注的几何图形:（选择一条直线 B）
选择要标注的几何图形:（选择一条直线 C）

选择要标注的几何图形：（按 Enter 键结束选择）

指定标注尺寸线位置或 [连续(C)/并列(S)/基线(B)/坐标(O)/半径(R)/直径(D)/基准点(P)/调整(E)/设置(T)]<连续>：（拖动确定尺寸线位置）

若直接指定尺寸线位置，将按默认设置连续方式标注尺寸并结束命令；若设置选项，设置后将重复上一行的提示，然后再指定尺寸线位置，AutoCAD 将按所选方式标注尺寸并结束命令。

7.7.11　绘制圆心标记

该命令用来绘制圆心标记。圆心标记有 3 种形式：无标记、中心线标记和十字标记，其形式应首先在尺寸标注样式中设定，如图 7-34 所示。

1. 输入命令

方法一：单击标注工具栏上的【圆心标记】按钮⊕。

方法二：从菜单中选择【标注】→【圆心标记】命令。

方法三：从键盘中输入"dimcenter"命令。

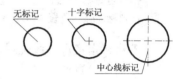

图 7-34　3 种圆心标记

2. 命令的操作

命令: dimcenter
选择圆或圆弧：（直接选择圆或圆弧）

选择后即完成操作。

7.7.12　折断标注

折断标注用于在标注或延伸线与其他对象交叉处折断或恢复标注和延伸线，可以将折断标注添加到线性标注、角度标注和坐标标注等中。

1. 输入命令

方法一：单击标注工具栏上的【折断标注】按钮。

方法二：从菜单中选择【标注】→【标注折断】命令。

方法三：从键盘中输入"dimbreak"命令。

2. 命令的操作（如图 7-10 所示）

命令: dimbreak
选择要添加/删除折断的标注或[多个(M)]：　M↙
选择尺寸 67、26↙
选择要折断的对象（尺寸没折断时的提示）/选择标注（尺寸已折断时的提示）：　↙
选择要折断标注的对象或[自动(A)/删除(R)<自动>]：自动（尺寸没折断）　/删除（尺寸已折断）

选择后即完成尺寸折断与恢复尺寸不折断时的状态。

7.7.13　多重引线标注

AutoCAD 2013 专门设置了多重引线工具栏，如图 7-35 所示，采用多重引线标注可实现引线与说明的文字一起标注。其引线可以有箭头，也可以没有箭头，可以是直线，也可以是样条曲线。文字可以使用多行文字编辑器输入，并能标注形位公差等，如图 7-36 所示。

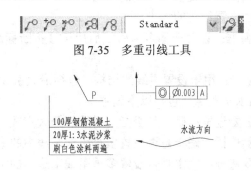

图 7-35　多重引线工具

图 7-36　多重引线标注方式

1. 定义多重引线样式

在 AutoCAD 2013 中可通过 4 种方式进入多重引线样式管理器。

方法一：单击多重引线工具栏上的【多重引线样式】按钮。

方法二：在功能区，单击【注释】面板→【多重引线样式】按钮。

方法三：从菜单中选择【格式】→【多重引线样式】命令。

方法四：从键盘中输入"mleaderstyle"命令。

执行【多重引线样式】命令后，将弹出【多重引线样式管理器】对话框，如图 7-37 所示。【多重引线样式管理器】对话框与【标注样式管理器】对话框类似，可单击【新建】按钮新建一个多重引线样式或单击【修改】按钮修改已有的多重引线样式。单击【新建】按钮弹出【创建新多重引线样式】对话框，如图 7-38 所示。

图 7-37　【多重引线样式管理器】对话框

图 7-38　【创建新多重引线样式】对话框

在【新样式名】文本框中输入新建的样式名称，默认为【副本 Standard】；在【基础样式】下拉列表框中选择新建样式的基础样式，新建样式即在该基础样式的基础上进行修改而成，默认为 Standard 样式；【注释性】复选框的意义与【创建新标注样式】对话框中所述内容相同。完成后单击【继续】按钮弹出【修改多重引线样式】对话框，如图 7-39 所示。

【修改多重引线样式】对话框中各选项的含义如下。

（1）【引线格式】选项卡：设置多重引线基本外观和引线箭头的类型和大小，以及执行【标注打断】命令后引线打断的大小。包括以下设置项。

◆ 【类型】、【颜色】、【线型】和【线宽】下拉列表框：分别用于设置引线类型（有直线、样条曲线、无 3 个选项）、颜色、线型和线宽。

◆ 【符号】下拉列表框：设置多重引线的箭头符号。

◆ 【大小】调整框：设置箭头的大小。

◆ 【打断大小】调整框：设置选择多重引线后用于【折断标注】（dimbreak）命令的折断大小。

（2）【引线结构】选项卡：用于设置引线的结构，包括最大引线点数、第一段角度、第二段角度以及引线基线的水平距离。包括以下设置项。

◆ 【最大引线点数】复选框：确定是否指定引线的最大点数。

◆ 【第一段角度】复选框：确定是否设置多重引线基线中的第一个点的角度。

◆ 【第二段角度】复选框：确定是否设置多重引线基线中的第二个点的角度。

◆ 【自动包含基线】和【设置基线距离】复选框：将水平基线附着到多重引线内容中，为多重引线基线确定距离（如图 7-40 所示预览框中，引线上的水平直线是设置了基线距离为 10 的长度）。

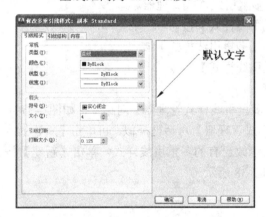

图 7-39　【修改多重引线样式】对话框

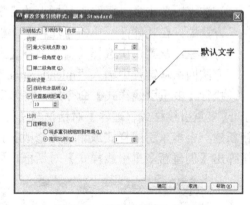

图 7-40　【引线结构】选项卡

◆ 【注释性】复选框：指定多重引线为注释性。

◆ 【将多重引线缩放到布局】单选按钮：根据模型空间视口和图纸空间视口中的缩放比例确定多重引线的比例因子。

◆ 【指定比例】单选按钮：指定多重引线的缩放比例。

（3）【内容】选项卡：设置多重引线是包含文字还是包含块。如果选择【多重引线类型】为【多行文字】，则下列选项可用。

◆ 【默认文字】选项：为多重引线内容设置默认文字。单击 按钮将启动多行文字编辑器。

◆ 【文字样式】下拉列表框：指定文字属性的预定义样式。

◆ 【文字角度】下拉列表框：指定多重引线文字的方向。

◆ 【文字颜色】下拉列表框：指定多重引线文字的颜色。

◆ 【文字高度】调整框：指定多重引线文字的高度。

◆ 【始终左对齐】复选框：指定多重引线文字始终左对齐。

◆ 【文字加框】复选框：对多重引线文字内容加框。

◆ 【水平连接】单选按钮：表示引线终点位于标注文字的左侧或右侧，如图 7-41 所示。

图 7-41　【连接位置】下拉列表框

◆ 【垂直连接】单选按钮：表示引线终点位于标注文字的上方或下方。

◆ 【基线间隙】调整框：指定基线和多重引线文字之间的距离。

如果选择【多重引线类型】为【块】，则下列选项可用。

◆ 【源块】下拉列表框：指定用于多重引线内容的块。

◆ 【附着】下拉列表框：指定块附着到多重引线对象的方式。可通过指定块的范围、块的插入点或块的中心点附着块。

◆ 【颜色】下拉列表框：指定多重引线块内容的颜色。

2. 多重引线标注

（1）输入命令

方法一：单击多重引线工具栏上的【多重引线】按钮 。

方法二：在功能区，单击【注释】面板→【多重引线】按钮 。

方法三：从菜单中选择【标注】→【多重引线】命令。

方法四：从键盘中输入 "mleader" 命令。

（2）命令的操作

命令: mleader
指定引线箭头的位置或 [引线基线优先(L)/内容优先(C)/选项(O)]<选项>:

鼠标单击选择引线箭头的位置，AutoCAD 会继续提示：

指定下一点: 指定点✓

如果设置了最大点数为 2，AutoCAD 弹出多行文字编辑器，输入多行文字后，单击文字格式工具栏上的【确定】按钮，即可完成引线标注。

其他选项的含义如下。

◆ 【引线基线优先(L)】选项：先指定引线基线位置，后指定引线箭头位置。

◆ 【内容优先(C)】选项：先指定引线内容位置并输入内容，后指定引线箭头位置。

◆ 【选项(O)】选项：对多重引线标注的属性进行相关设置（各选项含义与定义多重引线样式中的同类选项相同）。

3. 编辑多重引线标注

AutoCAD 2013 的多重引线工具栏提供了【添加引线】、【删除引线】、【对齐引线】、【合并引线】4 个编辑工具，主要用于机械图中零件的标注。

7.8　尺寸标注的修改

AutoCAD 中提供了多种编辑尺寸的方法，本节介绍其中的一些常用方法。

7.8.1　编辑尺寸大小、旋转及倾斜

1. 输入命令

方法一：单击标注工具栏上的【编辑标注】按钮 ◢。
方法二：从键盘中输入"dimedit"命令。

2. 命令的操作

命令: dimedit
输入标注编辑类型[默认(H)/新建(N)/旋转(R)/倾斜(O)](默认):（选择要调整的类型）

各选项的含义如下。

◆ 【默认】选项：选定的标注文字移回标注样式指定的默认位置和旋转角。
◆ 【新建】选项：将新输入的文字加入到尺寸标注中。
◆ 【旋转】选项：将所选尺寸数字以指定的角度旋转。
◆ 【倾斜】选项：将所选尺寸的尺寸界线以指定的角度倾斜，主要用于轴测图的尺寸标注，如图 7-42 所示。

用对齐方式标注尺寸

（a）倾斜前

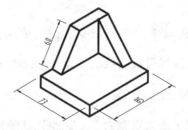

尺寸"73"的倾斜角度为30°，文字样式设置倾斜30°
尺寸"85"的倾斜角度为-30°，文字样式设置-30°

（b）倾斜后

图 7-42　【倾斜】选项示例

其操作过程如下（以图 7-42 为例）。

命令: dimedit
输入标注编辑类型 [默认(H)/新建(N)/旋转(R)/倾斜(O)] (默认): O↙
选择对象:　（选择需倾斜的尺寸标注）
选择对象:　（可继续选择，也可按 Enter 键结束命令）
输入倾斜角度(按 Enter 键表示无):　（输入旋转后尺寸界线的倾斜角度↙）
命令:

7.8.2　编辑尺寸数字的位置

该命令用于专门调整尺寸数字的放置位置。当标注的尺寸数字的位置不合适时，不必修改或更换标注样式，用此命令可方便地移动尺寸数字到所需位置。该命令是标注尺寸中常用的调整命令。

1. 输入命令

方法一：单击标注工具栏上的【编辑标注文字】按钮 。
方法二：从菜单中选择【标注】→【对齐文字】命令，如图 7-43 所示。
方法三：从键盘中输入"dimtedit"命令。

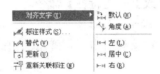

图 7-43　【对齐文字】选项

2. 命令的操作

命令: dimtedit
选择标注:　（选择需要调整的尺寸标注）
指定标注文字的新位置或 [左(L)/右(R)/中心(C)/默认(H)/角度(A)]:　（此时可动态地拖动所选尺寸进行修改，也可通过选项调整）

各选项的含义如下。
◆ 【左(L)】选项：沿尺寸线左对正标注文字。
◆ 【右(R)】选项：沿尺寸线右对正标注文字。
◆ 【中心(C)】选项：将标注文字放在尺寸线的中间。
◆ 【默认(H)】选项：将标注文字移回标注样式的默认位置。
◆ 【角度(A)】选项：将尺寸数字旋转到指定的角度。

7.8.3　更新标注

该命令可使已有的尺寸标注样式与当前尺寸标注样式一致。

1. 输入命令

方法一：单击标注工具栏上的【标注更新】按钮。

方法二：从菜单中选择【标注】→【更新】命令。

方法三：从键盘中输入"dimupdate"命令。

2. 命令的操作

命令: dimupdate

选择对象：　（选择需要更新为当前标注样式的尺寸标注）

选择对象：　（可继续选择或按 Enter 键结束命令）

7.8.4　使用【特性】选项板全方位编辑标注

要全方位修改一个尺寸标注，应使用 properties 命令（即对象特性），该命令不仅能修改所选尺寸标注的颜色、图层、线型，还可修改尺寸数字的内容、重新调整尺寸数字、重新选择尺寸标注样式、修改尺寸标注样式内容，操作方法同前所述。

输入命令有以下几种方法。

方法一：单击标准工具栏上的【对象特性】按钮。

方法二：从菜单中选择【修改】→【特性】命令。

方法三：从键盘中输入"properties"命令。

方法四：选择任意一个标注对象后右击，在弹出的快捷菜单中选择【特性】命令。

7.8.5　调整标注间距

调整标注间距指调整平行尺寸线之间的距离，如图 7-44 所示。

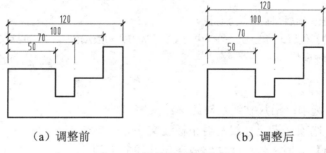

（a）调整前　　　　　　　　　　　　（b）调整后

图 7-44　调整标注间距示例

1. 输入命令

方法一：单击标注工具栏上的【标注间距】按钮。

方法二：从键盘中输入"dimspace"命令。

2. 命令的操作（以图 7-44（a）为例）

命令: dimspace
选择基准标注:（选择作为基准的尺寸，如选择尺寸 50）
选择要产生间距的标注:（选择要调整间距的尺寸，如依次选择尺寸 70、100、120）
选择要产生间距的标注: ↙
输入值或 [自动(A)]<自动>:（如果输入距离值后按 Enter 键，AutoCAD 调整各尺寸线的位置，使它们之间的距离值为指定的值。如果直接按 Enter 键，AutoCAD 自动调整尺寸线的位置，效果如图 7-44（b）所示）

7.9　尺寸标注应用实例

7.9.1　尺寸标注应用于建筑图

如图 7-45 所示为某建筑剖面图，尺寸标注的操作步骤如下：

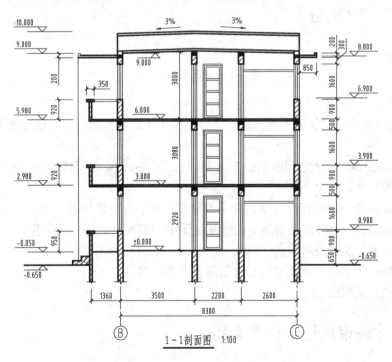

图 7-45　建筑图应用示例

（1）用相关命令标注图中线性尺寸。

① 将土木尺寸标注样式置为当前，修改该样式【调整】选项卡中的【使用全局比例】为 100。

② 用 imlinear（线性）及 dimcontinue（连续）两个命令分别标注图中所有线性尺寸。

③ 用 dimtedit（调整标注文字）命令调整尺寸数字为理想状态。

（2）利用外部块插入图中的标高数值及轴线编号。

（3）用有关绘图工具（如多段线）画房顶坡度（箭头头部宽 100，长 500）并签上文字。

（4）完成全图标注。

7.9.2　尺寸标注应用于道桥图

如图 7-46 所示为某涵洞的半纵剖面图，尺寸标注的操作步骤如下：

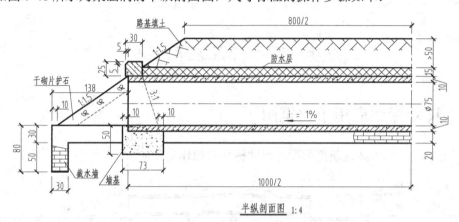

半纵剖面图 1: 4

图 7-46　涵洞图应用示例

（1）用相关命令标注图中线性尺寸。

① 将土木尺寸标注样式置为当前，修改该样式【调整】选项卡中的【使用全局比例】为 4。

② 用 dimlinear（线性）、dimcontinue（连续）或 dimbaselin（基线）3 个命令分别标注图中所有线性尺寸。

③ 用 dimtedit（调整标注文字）命令调整尺寸数字为理想状态。

（2）用 leader 命令（多重引线）命令标注图中涵洞各组成部分的名称。

（3）用多段线绘制流水方向（箭头头部宽 4，长 20）。

（4）用单行文字输入各坡度大小及图形名称和比例。

（5）完成全图标注。

7.9.3　尺寸约束应用于沙发套组

如图 7-47 所示为沙发套组被规定尺寸约束后的位置，绘制该图的步骤如下：

（1）用相关绘图及编辑命令绘制单个直沙发并创建成图块，如图 7-48（a）所示。

（2）用相关绘图及编辑命令绘制转角沙发并创建成图块，如图 7-48（b）所示。

（3）用相关绘图及编辑命令绘制茶几并创建成图块，如图 7-48（c）所示。

（4）选择【插入】→【块】命令，找到对应的直沙发、转角沙发及茶几图块，随机放置，形成如图 7-49 所示的沙发套组。

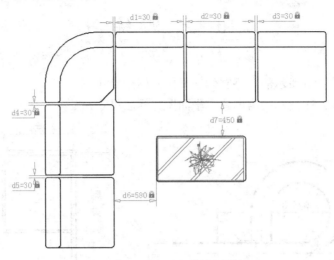

图 7-47 尺寸约束后的沙发套

（5）选择【参数】→【标注约束】→【水平】/【竖直】命令，约束沙发间隔为 30 个绘图单位。

（6）用同样的方式约束茶几与沙发之间的距离，水平为 580，竖直为 450，结果如图 7-47所示。

（a）直沙发　　　　　　（b）转角沙发　　　　　　（c）茶几

图 7-48 沙发套组图形尺寸

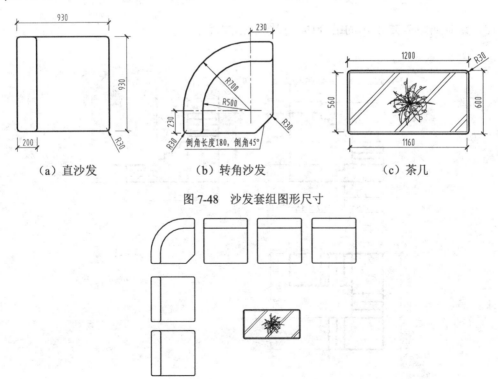

图 7-49 尺寸约束前沙发套组

7.10 上 机 练 习

1. 绘制如图 7-50 所示的道路立体交叉图并标注尺寸。
2. 绘制如图 7-51 所示的房屋建筑平面图并标注尺寸。

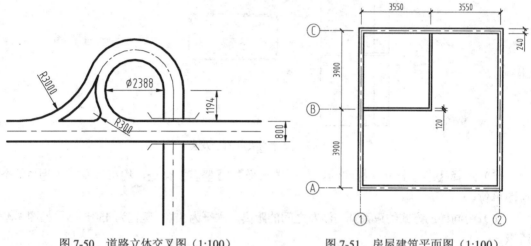

图 7-50 道路立体交叉图（1:100）　　　　　图 7-51 房屋建筑平面图（1:100）

3. 绘制如图 7-52 所示的组合体三视图并标注尺寸。

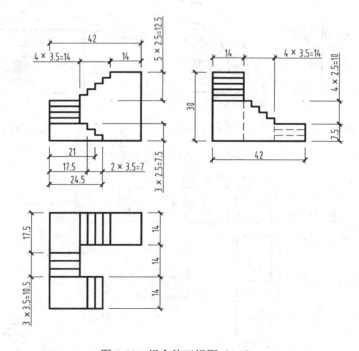

图 7-52 组合体三视图（1:1）

4. 完成如图 7-53 所示的房屋建筑平面图并标注尺寸及文字（墙朵均为 60，要求用 1:1 画图，用注释性样式标注尺寸及文字）。

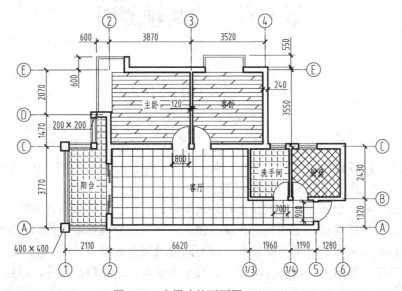

图 7-53　房屋建筑平面图（1:100）

第 8 章 绘制轴测图

8.1 轴测图的概念

轴测图是一种能够同时反映物体长、宽、高 3 个方向的单面图。它具有直观性好与立体感强的优点，同时也存在度量性差的缺点。在实际的工程应用中，它只作为辅助图使用。如图 8-1 所示为组合体投影图与轴测图的对比。

在轴测投影中，坐标轴的轴测投影称为轴测轴，它们之间的夹角称为轴间角。轴测轴上的单位长度与相应坐标轴上的单位长度的比值称为轴向伸缩系数。轴间角和轴向伸缩系数是绘制轴测图时必须具备的主要参数，按不同的轴间角和轴向伸缩系数可绘制效果不同的轴测图。其中，最常用的是等轴测图，它的 3 个轴向伸缩系数都相等，而且 3 个轴测轴与水平方向所形成的角度分别为 30°、90°、150°。在 3 个轴测轴中，每两个轴测轴定义一个轴测面，它们分别是俯视平面、右视平面、左视平面。如图 8-2 所示为轴测轴和轴测面的构成。

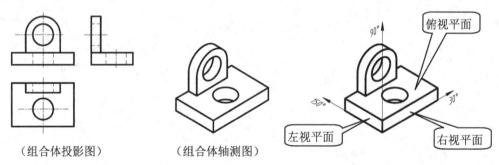

（组合体投影图）　　　　（组合体轴测图）

图 8-1　组合体投影图与轴测图的对比　　　图 8-2　轴测轴和轴测面的构成

8.2 设置等轴测图环境

AutoCAD 从 AutoCAD 2006 起的高版本中，为绘制轴测图创建了一个特定环境，即等轴测绘图模式。在这个环境中，用户可以更加方便地构建轴测图。等轴测绘图模式的设置主要有以下几种方法。

方法一：选择【工具】→【草图设置】命令。

方法二：使用鼠标右键单击状态栏上的【辅助绘图】按钮，然后在弹出的菜单栏中选择【设置】命令。

方法三：在命令行中输入"dsettings"命令，然后按 Enter 键。

方法四：使用简写命令 DS，然后按 Enter 键。

系统弹出【草图设置】对话框，在【捕捉和栅格】选项卡中选择【等轴测捕捉】单选按钮，如图 8-3 所示。

图 8-3 选中【等轴测捕捉】单选按钮

🔔 提示：如果需要关闭等轴测模式，选中【矩形捕捉】单选按钮即可。

8.3 等轴测图投影模式绘图

将绘图模式设置为等轴测图后，用户能够非常方便地绘制直线、圆、圆弧等基本图形的轴测图。运用这些基本图形轴测图的绘制技巧，能够组成复杂形体（组合体）的轴测图。

在绘制等轴测图时，执行【切换绘图平面】命令的方法主要有以下几种。

方法一：按 F5 键。

方法二：按 Ctrl+E 组合键。

方法三：在命令行中输入"isoplane"命令，输入首字母 L、T、R 来转换相应的轴测面，也可以直接按 Enter 键。

如图 8-4 所示为轴测图模式中 3 种平面的光标状态。

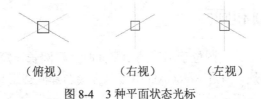

（俯视） （右视） （左视）

图 8-4 3 种平面状态光标

8.3.1 绘制轴测直线

在轴测模式下绘制直线的常用方法有以下 3 种。

1. 极坐标绘制直线

当所绘制直线与不同轴测轴平行时，输入的极坐标值的极坐标角度将不同。

◆ 当所绘制的直线与 X 轴平行时，极坐标角度应设为 30°或-150°。

◆ 当所绘制的直线与 Y 轴平行时，极坐标角度应设为 150°或-30°。

◆ 当所绘制的直线与 Z 轴平行时，极坐标角度应设为 90°或-90°。

◆ 当所绘制的直线与任何轴都不平行时，必须找出直线两点，然后连线。

2. 正交模式绘制直线

根据投影特性，对于与直角坐标轴平行的直线，切换至当前轴测面后，打开正交模式，可将它们绘制为与相应的轴测轴平行。

对于与 3 个直角坐标轴均不平行的直线，则可关闭正交模式，沿轴向测量获得该直线两个端点的轴测投影，然后相连即得到一般位置直线轴测图。

3. 极轴追踪绘制直线

利用极轴追踪、自动跟踪功能绘制直线。打开极轴追踪、对象捕捉和自动跟踪功能，并打开【草图设置】对话框中的【极轴追踪】选项卡，如图 8-5 所示设置极轴追踪的角度增量为 30，就能方便地绘制 30°、90°或 150°方向的直线。

图 8-5　设置极轴追踪的角度增量

8.3.2　绘制轴测圆和圆弧

圆的轴测投影是椭圆，当圆位于不同的轴测面时，椭圆长、短轴的位置将不同。手工绘制圆轴测投影比较麻烦，但是 AutoCAD 中可以直接选择椭圆工具中的【等轴测圆】选项来绘制。激活等轴测绘图模式后，在命令行中输入"ellipse"命令并按 Enter 键。

【例 8-1】绘制轴测圆。

操作步骤如下：

（1）选择【工具】→【草图设置】命令，打开【草图设置】对话框。切换至【捕捉和栅格】选项卡，并在【捕捉类型】选项组中选中【等轴测捕捉】单选按钮，如图 8-6 所示。

（2）按 F5 键，将等轴测图平面切换为右视等轴测平面，打开正交功能。

（3）单击绘图工具栏上的【椭圆】按钮 ，根据命令行提示绘制一个半径为 40 的等轴测圆，效果如图 8-7 所示，命令行操作如下。

命令: _ellipse	
指定椭圆轴的端点或 [圆弧(A)/中心点(C)/等轴测圆(I)]:	//输入"I"并按 Enter 键
指定等轴测圆的圆心:	//在绘图区域合适位置拾取一点作为圆心
指定等轴测圆的半径或 [直径(D)]:	//输入"40"并按 Enter 键

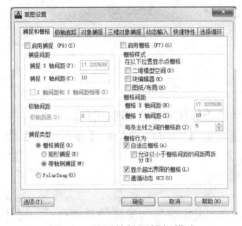

图 8-6 设置等轴测捕捉模式

图 8-7 轴测圆

8.3.3 在轴测图中输入文字

如果用户需要在轴测图中输入与该轴测面的方向协调一致的文字，则须把文字的倾斜角与旋转角改成 30°的倍数。

【例 8-2】输入轴测文字。

操作步骤如下：

（1）选择【工具】→【草图设置】命令，打开【草图设置】对话框。切换至【捕捉和栅格】选项卡，并在【捕捉类型】选项组中选中【等轴测捕捉】单选按钮，如图 8-6 所示。选择【极轴追踪】选项卡，设置【增量角】为 30°，单击【确定】按钮即可完成轴测图模式设置。

（2）选择【格式】→【文字样式】命令，系统弹出【文字样式】对话框，在【字体名】下拉列表框中选择【仿宋】，接着设置【倾斜角度】为-30，如图 8-8 所示。

命令: text	
当前文字样式: "-30" 文字高度:2.50°	
指定文字的起点或[对正(J)/样式(S)]:	//在绘图区域合适位置拾取一点
指定高度 <2.50°>:	//输入"10"并按 Enter 键
指定文字的旋转角度<0>: 30	//输入"30"并按 Enter 键

（3）在命令行中输入"text"命令并按 Enter 键，此时在绘图区域将出现光标，提示用户输入文字。输入文字"计算机辅助设计"，按 Enter 键结束，最终效果如图 8-9 所示。

图 8-8　设置文字样式　　　　　　　　　　　图 8-9　最终效果

8.3.4　标注轴测图尺寸

在 AutoCAD 中，轴测图的尺寸标注与平面图的尺寸标注的操作方法有所不同，轴测图的尺寸标注和编辑主要是通过使用【对齐标注】、【编辑样式】和【多行文字】等工具来实现。

1．轴测图的线性标注

轴测图的线性尺寸，一般沿轴测方向标注。尺寸数值为形体的基本尺寸。尺寸数字应该按相应的轴测图形标注在尺寸线的上方，尺寸线必须和所标注的线段平行，尺寸界线一般应平行于某一轴测轴，标注效果如图 8-10 所示。

2．标注轴测图圆的直径

标注圆的直径时，尺寸线和尺寸界线应分别平行于圆所在平面内的轴测轴。标注圆弧半径和较小圆的直径时，尺寸线应从（或通过）圆心引出标注，但注写尺寸数值的横线必须平行于轴测轴，效果如图 8-11 所示。

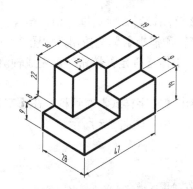

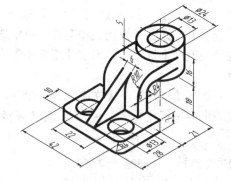

图 8-10　轴测图线性尺寸标注　　　　　　　图 8-11　轴测图圆的直径标注

8.3.5　综合实例 1——绘制轴测图

【例 8-3】根据图 8-12 所示的组合体三投影图，绘制组合体的正等轴测图，轴测图的绘制效果如图 8-13 所示。

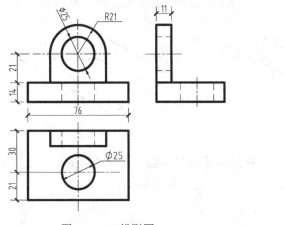

图 8-12　三投影图　　　　　　　　　　　　图 8-13　本例效果

操作步骤如下：

（1）新建空白文件。

（2）选择【工具】→【草图设置】命令，设置等轴测图的绘图环境。

（3）按 F5 键，将等轴测图平面切换为俯视等轴测平面，打开正交功能。

（4）设置线宽为 0.7 的粗实线作为当前图层，然后选择【绘图】→【直线】命令，配合正交功能，绘制俯视轴测平面轮廓。命令行操作如下。

命令: line	
指定第一点:	//在绘图区中拾取一点
指定下一点或 [放弃(U)]:	//拖出 330° 的方向矢量，输入 "51" 并按 Enter 键
指定下一点或 [放弃(U)]:	//拖出 30° 的方向矢量，输入 "76" 并按 Enter 键
指定下一点或 [放弃(U)]:	//拖出 150° 的方向矢量，输入 "51" 并按 Enter 键
指定下一点或 [闭合(C)/放弃(U)]:	//输入 "C" 并按 Enter 键，绘制效果如图 8-14 所示

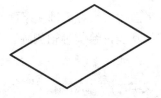

图 8-14　绘制效果

（5）单击绘图工具栏上的 ⬭ 按钮，激活【椭圆】命令，配合对象捕捉功能，绘制等轴测圆。命令行操作如下。

命令: _ellipse	
指定椭圆轴的端点或 [圆弧(A)/中心点(C)/等轴测圆(I)]:	//输入 "I" 并按 Enter 键
指定等轴测圆的圆心:	//激活捕捉自功能
_from 基点:	//捕捉如图 8-15 所示的中点

<偏移>:　　　　　　　　　　　　　　//输入"@30<330"并按 Enter 键

指定等轴测圆的半径或 [直径(D)]:　　　//输入"12.5"并按 Enter 键，绘制效果如图 8-16 所示

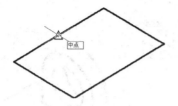

图 8-15　捕捉中点

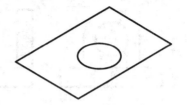

图 8-16　绘制效果

（6）按 F5 键，将等轴测图平面切换为左等轴测平面，选择【绘图】→【复制】命令，配合正交功能，复制如图 8-16 所示的图线。命令行操作如下。

命令: _copy

选择对象:　　　　　　　　　　　　　　//选择如图 8-16 所示的图线并按 Enter 键

指定基点或 [位移(D)/模式(O)] <位移>:　//捕捉轴测圆的圆心

指定第二个点或 <使用第一个点作为位移>:　//拖出 270°的方向矢量，输入"14"并按 Enter 键，
复制效果如图 8-17 所示

（7）选择【修改】→【修剪】命令，对图形进行修剪，并删除多余图线。再选择【绘图】→【直线】命令，绘制垂直的 3 条轮廓线，效果如图 8-18 所示。

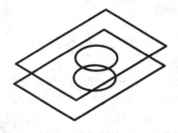

图 8-17　复制效果

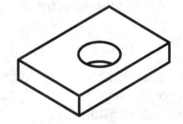

图 8-18　编辑效果

（8）按 F5 键，将等轴测图平面切换为右等轴测平面，单击绘图工具栏上的 ◯ 按钮，激活【椭圆】命令，配合对象捕捉功能，绘制等轴测圆。命令行操作如下。

命令: _ellipse

指定椭圆轴的端点或 [圆弧(A)/中心点(C)/等轴测圆(I)]:　　//输入"I"并按 Enter 键

指定等轴测圆的圆心:　　　　　　　　　//激活捕捉自功能

 _from 基点:　　　　　　　　　　　　//捕捉如图 8-19 所示的中点

 <偏移>:　　　　　　　　　　　　　//输入"@21<90"并按 Enter 键

指定等轴测圆的半径或 [直径(D)]:　　　//输入"12.5"并按 Enter 键

命令: ellipse　　　　　　　　　　　　//按 Enter 键

指定椭圆轴的端点或 [圆弧(A)/中心点(C)/等轴测圆(I)]: //输入"I"并按 Enter 键

指定等轴测圆的圆心:　　　　　　　　　//捕捉轴测圆的圆心

指定等轴测圆的半径或 [直径(D)]:　　　//输入"21"并按 Enter 键，绘制效果如图 8-20 所示

（9）按 F5 键，将等轴测图平面切换为左等轴测平面，选择【绘图】→【复制】命令，配合正交功能，复制如图 8-20 中所画的两个等轴测圆。命令行操作如下。

```
命令: _copy
选择对象:                                    //选择如图 8-20 中所画的两个轴测圆并按 Enter 键
指定基点或 [位移(D)/模式(O)] <位移>:          //捕捉轴测圆的圆心
指定第二个点或 <使用第一个点作为位移>:          //拖出 330° 的方向矢量，输入 "11" 并按 Enter 键，
复制效果如图 8-21 所示
```

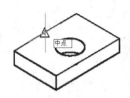

图 8-19 捕捉中点

图 8-20 绘制效果

（10）选择【绘图】→【直线】命令，配合切点捕捉和端点捕捉等功能，绘制轴测圆的切线和轮廓线。再选择【修改】→【修剪】命令，对图形进行修剪，并删除多余图线，效果如图 8-22 所示。

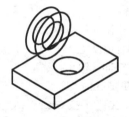

图 8-21 复制效果

图 8-22 编辑效果

8.3.6 综合实例 2——轴测图中文字注写及尺寸标注

【例 8-4】根据图 8-22 所示的组合体轴测图，注写文字及标注尺寸。效果如图 8-23 所示。

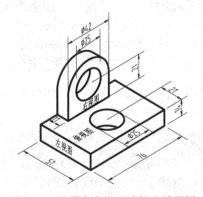

图 8-23 设置文字及尺寸标注效果图

操作步骤如下：

（1）创建文字样式。选择【格式】→【文字样式】命令，系统弹出【文字样式】对话框，在【字体名】下拉列表框中选择【仿宋】，分别设置【倾斜角度】为 30 和-30，【宽度因子】为 0.7，创建两个文字样式，分别是仿宋 30 和仿宋-30，如图 8-24 所示。

图 8-24   设置文字样式

（2）在各轴测面上注写文字。

① 在左视图上，文本采用"仿宋-30"的样式，即倾斜角度为-30°，同时旋转-30°。命令行操作如下。

命令: text
当前文字样式: "仿宋-30"   文字高度: 2.50°   注释性: 否
指定文字的起点或 [对正(J)/样式(S)]: //在左轴测面的合适位置拾取一点作为起点
指定高度 <2.50°>:5   //输入"5"并按 Enter 键
指定文字的旋转角度 <0>: -30   //输入"-30"并按 Enter 键
text   //输入文字"左视图"并按 Enter 键两次，效果如图 8-25 所示

② 在右视图上，文本采用"仿宋 30"的样式，即倾斜角度为 30°，同时旋转 30°。命令行操作如下。

命令: text
当前文字样式: "仿宋 30"   文字高度: 2.50°   注释性: 否
指定文字的起点或 [对正(J)/样式(S)]: //在左轴测面的合适位置拾取一点作为起点
指定高度 <2.50°>:5   //输入"5"并按 Enter 键
指定文字的旋转角度 <0>: 30   //输入"30"并按 Enter 键
text   //输入文字"右视图"并按 Enter 键两次，结果如图 8-26 所示

③ 在俯视图上，文本采用"仿宋-30"的样式，即倾斜角度为-30°，同时旋转 30°。命令行操作如下。

命令: text
当前文字样式: "仿宋-30"   文字高度: 2.50°   注释性: 否
指定文字的起点或 [对正(J)/样式(S)]: //在左轴测面的合适位置拾取一点作为起点
指定高度 <2.50°>:5   //输入"5"并按 Enter 键

指定文字的旋转角度 <0>: 30   //输入"30"并按 Enter 键

text   //输入文字"俯视图"并按 Enter 键两次，结果如图 8-27 所示

图 8-25 左视图文字效果图

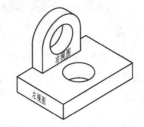
图 8-26 右视图文字效果图

图 8-27 俯视图文字效果图

（3）创建标注的文字样式。选择【格式】→【文字样式】命令，系统弹出【文字样式】对话框，在【字体名】下拉列表框中选择 iso.shx，分别设置【倾斜角度】为 30 和-30，【宽度因子】为 0.8，创建两个文字样式，分别是 30 和-30，如图 8-28 所示。

（4）创建标注样式。选择【格式】→【标注样式】命令，系统弹出【标注样式管理器】对话框，新建标注样式，分别设置倾斜角度为 30 和-30，如图 8-29 所示。

图 8-28 创建标注的文字样式

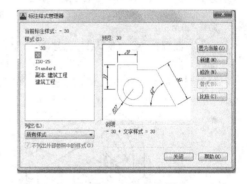
图 8-29 创建标注样式

（5）轴测图的线性标注。把【尺寸线】图层切换为当前图层，然后使用【对齐标注】工具依次选取尺寸界限并进行标注，此时的标注为默认标注，效果如图 8-30 所示。

① 编辑 X 轴方向尺寸。首先把所有 X 轴方向标注的尺寸转换到-30 标注样式。然后选择【标注】→【倾斜】命令，选取 X 轴方向尺寸并根据命令行提示输入"-30"进行编辑，效果如图 8-31 所示。命令行操作如下。

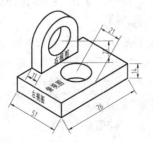
图 8-30 尺寸标注

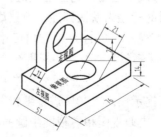
图 8-31 编辑 X 轴方向尺寸

命令: dimedit
输入标注编辑类型 [默认(H)/新建(N)/旋转(R)/倾斜(O)]（默认）: //输入"O"并按 Enter 键
选择对象:　　　　　　　　　//选择需倾斜的尺寸标注 76 并按 Enter 键
输入倾斜角度（按 Enter 键表示无）:　　　//输入"-30"并按 Enter 键，效果如图 8-31 所示

② 编辑 Y 轴方向尺寸。首先把所有 Y 轴方向标注的尺寸转换到 30 标注样式。然后选择【标注】→【倾斜】命令，选取 Y 轴方向尺寸并根据命令行提示输入"30"进行编辑，效果如图 8-32 所示。命令行操作如下。

命令: dimedit
输入标注编辑类型 [默认(H)/新建(N)/旋转(R)/倾斜(O)]（默认）:　//输入"O"并按 Enter 键
选择对象:　　　　　　//选择需倾斜的尺寸标注 51、11 和 21 并按 Enter 键
输入倾斜角度（按 Enter 键表示无）:　　　//输入"-30"并按 Enter 键，效果如图 8-32 所示

③ 编辑 Z 轴方向尺寸。首先把所有 Z 轴方向标注的尺寸转换到-30 标注样式。然后选择【标注】→【倾斜】命令，选取 Z 轴方向尺寸并根据命令行提示输入"30"进行编辑，效果如图 8-33 所示。命令行操作如下。

命令: dimedit
输入标注编辑类型 [默认(H)/新建(N)/旋转(R)/倾斜(O)]（默认）:　//输入"O"并按 Enter 键
选择对象:　　　　　　//选择需倾斜的尺寸标注 14 和 21 并按 Enter 键
输入倾斜角度（按 Enter 键表示无）: //输入"-30"并按 Enter 键，效果如图 8-33 所示

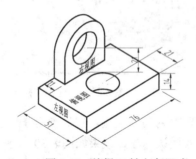　　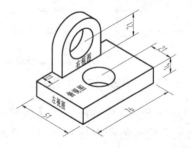

图 8-32　编辑 Y 轴方向尺寸　　　　　图 8-33　编辑 Z 轴方向尺寸

（6）轴测图圆的尺寸标注。

① 把尺寸线图层切换为当前图层，然后使用【对齐标注】工具依次选取尺寸界限并进行标注，此时的标注为默认标注，效果如图 8-34 所示。

② 编辑俯视图中圆的 X 轴方向尺寸。首先把标注的尺寸转换到-30 标注样式。然后选择【标注】→【倾斜】命令，并根据命令行提示输入"-30"进行编辑；编辑右视图中圆的 X 轴方向尺寸。首先把标注的尺寸转换到 30 标注样式。然后选择【标注】→【倾斜】命令，并根据命令行提示输入"90"进行编辑，效果如图 8-35 所示。

③ 分别双击俯视图和右视图中圆的尺寸"25、25、42"，系统弹出【多行文字管理器】对话框，分别把"25、25、42"编辑为"⌀25、⌀25、⌀42"，效果如图 8-36 所示。

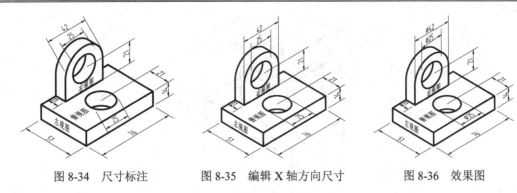

图 8-34　尺寸标注　　　图 8-35　编辑 X 轴方向尺寸　　　图 8-36　效果图

8.4　上机练习

1. 根据如图 8-37 所示台阶的两面投影图，绘制台阶的等轴测图，等轴测图绘制效果如图 8-38 所示。

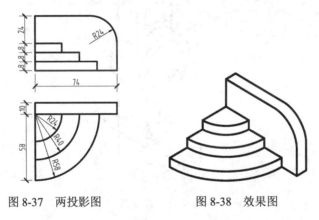

图 8-37　两投影图　　　　图 8-38　效果图

2. 绘制如图 8-39 所示的组合体轴测图，并注写文字及标注尺寸。

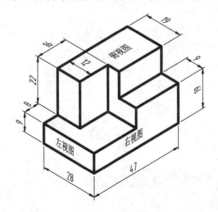

图 8-39　效果图

3. 绘制如图 8-40 所示的组合体轴测图，并进行尺寸标注。

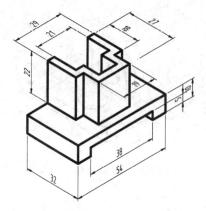

图 8-40　效果图

4．绘制如图 8-41 所示的组合体轴测图，并进行尺寸标注。

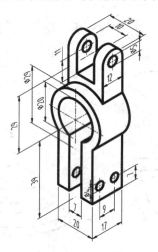

图 8-41　效果图

第 9 章　专业绘图实例

9.1　建筑施工图

建筑施工图（简称建施图）主要用来表示建筑物的规划位置、外部造型、内部各房间的布置、内外装修、构造及施工要求等。建筑施工图包括总平图、平面图、立面图、剖面图和建筑施工详图。

9.1.1　建筑平面图

绘制建筑平面图通常按如下顺序进行。

（1）进行初始设置。

（2）绘制定位轴线。

（3）绘制墙线。

（4）插入门窗、阳台。

（5）标注尺寸。

（6）注写文字。

本节将以绘制如图 9-1 所示的平面图为例介绍建筑平面图的画法。

1. 建立建筑平面图绘图环境

绘图前先要设置绘图环境，包括图层、颜色和线型、绘图辅助工具、尺寸标注样式、文字样式等。

（1）设置图层、颜色与线型

为了便于建筑平面图的管理与控制，平面图的各组成要素应当分别绘制在相应的图层上，这就需要建立相应的图层，并给图层赋予相应的颜色、线型和线宽。

建筑平面图中的线型：被剖切平面剖切到的墙体使用粗实线，定位轴线采用细点划线，尺寸线、尺寸界线、图例线、标高符号使用细实线，表示门扇的短线采用中实线。

建筑平面图中的图层、颜色、线型和线宽可以按照表 9-1 设置。

表9-1　建筑平面图图层设置

图 层 名 称	线　　型	颜　　色	线　　宽
轴线	CENTERX2	红色	0.18
墙线	Continuous	白色	0.7
窗	Continuous	黄色	0.18

续表

图 层 名 称	线 型	颜 色	线 宽
门	Continuous	浅黄色	0.35
图例	Continuous	蓝色	0.18
文字	Continuous	绿色	0.18
尺寸	Continuous	浅绿色	0.18
其他	Continuous	浅蓝色	0.18

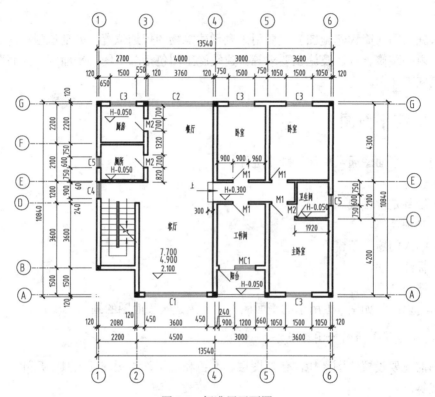

图 9-1　标准层平面图

（2）设置尺寸标注样式

使用 AutoCAD 的标注样式管理器建立名称为【建筑标注】的标注样式，并按照表 9-2 设置该标注样式的各种参数。操作步骤与第 7 章相同。

表9-2　尺寸标注样式设置　　　　　　　　　　　　　　标注样式名：建筑标注

选 项 卡	选 项 组	选 项	设 置 值
线	尺寸线	颜色	随块
		线宽	随块
		基线间距	7
		隐藏	无
	尺寸界线	颜色	随块

续表

选　项　卡	选　项　组	选　　　项	设　置　值
线	尺寸界线	线宽	随块
		超出尺寸线	2
		起点偏移量	3
		隐藏	无
符号和箭头	箭头	第一个	建筑标记
		第二个	建筑标记
		引线	箭头
		箭头大小	2
	圆心标记	类型	标记
		大小	2.5
文字	文字外观	文字样式	Standard
		文字颜色	随块
		文字高度	3.5
		绘制文字边框	（不选择）
	文字位置	垂直	上方
		水平	置中
		从尺寸线偏移	1
	文字对齐	与尺寸线对齐	选中
调整	调整选项	文字或箭头，取最佳效果	选中
	文字位置	尺寸线旁边	选中
	标注特征比例	使用全局比例	100（绘图比例的倒数）
	优化	在尺寸线之间绘制尺寸线	选中
主单位	线性标注	单位格式	小数
		精度	0
		小数分隔符	句点
		舍入	0
		比例因子	1
		消零	后续
	角度标注	单位格式	十进制度数
		精度	0

（3）设置绘图界限

根据建筑平面图所标注的尺寸可知，新建房屋的大小为 13540×10840，再留出标注尺寸的位置，建筑平面图的绘图区域设置为 30000×25000 较合适。选择【格式】→【图形界限】命令，按照提示设置左下角点坐标（0，0）和右上角点坐标（30000，250000），按 Enter 键即完成设置。

绘图界限设置完成后，再使用 ZOOM→ALL 命令，使所设置的整个绘图界限范围显示在屏幕绘图区。

（4）设置文字样式

在本例的建筑平面图中，尺寸标注和说明性文字所采用的文字样式不同，因此应当定义两种文字样式。两种文字样式分别命名为【标注】和【文字】，尺寸标注字体采用 iso.shx，字高为 3.5mm；汉字采用长仿宋体，字高为 5mm。具体定义方法见第 5、7 章。

（5）设置绘图单位

选择【格式】→【单位】命令，在弹出的【图形单位】对话框中设置长度单位为小数，精度为两位小数，角度单位为十进制度数，精度为 0。

（6）设置辅助绘图工具

设置捕捉间距为 10，并启用捕捉；设置极轴追踪增量角为 90°，极轴角测量为【绝对】，并启用极轴追踪；设置对象捕捉方式为【端点】和【交点】，并启用对象捕捉和对象捕捉追踪。

2. 绘制轴线网及其编号

建筑平面图中的定位轴线网，用来确定房屋各承重构件的位置。定位轴线用细点划线绘制，轴线编号圆直径为 8mm，用细实线绘制。

绘图步骤如下：

（1）使用【直线】（line）命令生成最左端第一条竖向轴线。

（2）使用【偏移】（offset）命令，并根据轴线间距指定偏移距离，生成竖向轴线②～⑥。

（3）用同样的方法生成横向轴线Ⓐ～Ⓕ。

（4）根据平面图的需要，修剪轴线网。

轴线网的绘制效果如图 9-2 所示。

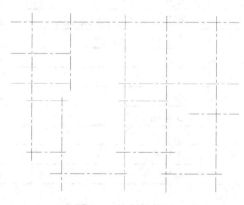

图 9-2　绘制轴线网

轴线编号将采用第 6 章中定义的【轴线编号】图块并插入图中的方法建立。

绘图步骤如下：

（1）单击插入工具栏上的【图块】按钮，启动图块插入命令，在弹出的【插入】对话框中选择【轴线编号】图块，选中【统一比例】复选框，插入比例为 100。

（2）单击【确定】按钮，退出对话框。在绘图区捕捉最下面横向轴线的左端点，当提示"输入轴线编号"时，输入"A"。

（3）按 Enter 键完成绘制。

重复上述方法注写其他轴线的编号，直到把所有轴线的编号都插入为止。也可以将刚插入的轴线编号复制到其他轴线的相应位置，然后使用 attedit 命令逐个修改各个轴线的编号。完成后的效果如图 9-3 所示。

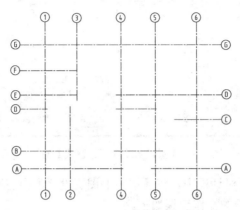

图 9-3　带有轴线编号的轴线网

3. 绘制墙线和门、窗

绘制墙线和窗采用 AutoCAD 的【多线】（mline）命令。

绘图步骤如下：

（1）选择【格式】→【多线样式】命令，在弹出的【多线样式】对话框中新建两个多线样式，分别命名为【墙线】和【窗线】。

（2）设置墙线样式。在【多线样式】对话框中选择【墙线】，单击【继续】按钮，弹出如图 9-4 所示的【新建多线样式：墙线】对话框。在【封口】选项组的【直线】选项中，选中【起点】和【终点】复选框，设置成两端封口形式，默认当前的偏移距离为-0.5 和 0.5，单击【确定】按钮，回到【多线样式】对话框。

图 9-4　【新建多线样式：墙线】对话框

（3）设置窗线样式。在【多线样式】对话框中选择【窗线】，单击【继续】按钮，弹出如图 9-5 所示的【新建多线样式：窗线】对话框。单击【添加】按钮，设置 4 个偏移数值：40，-40，120，-120。选中【起点】和【终点】复选框，设置两端封口，单击【确定】按钮，回到【多线样式】对话框。

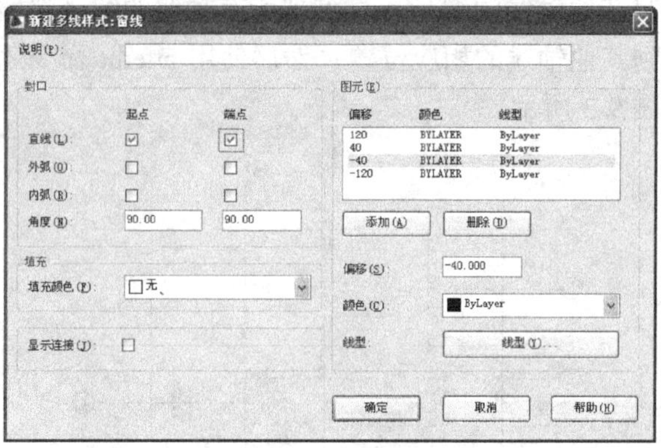

图 9-5　【新建多线样式：窗线】对话框

（4）在【多线样式】对话框中，将【墙线】图层设置为当前图层。在图 9-1 中，外墙宽为 240mm。绘制外墙线的操作步骤如下。

命令: mline（或选择【绘图】→【多线】命令）
当前设置: 对正＝上，比例＝20.00，样式＝墙线
指定起点或[对正(J)比例(S)样式(ST)]: S（设置绘图比例，此比例实际上就是外墙的厚度）
输入多线比例<20.00>: 240
指定起点或[对正(J)比例(S)样式(ST)]: ST（设置多线样式）
输入多线样式名或[?]: 墙线
指定起点或[对正(J)比例(S)样式(ST)]: J（设置对正方式）
输入对正类型[上(T)无(Z)下(B)]<上>: Z（设置对正方式为【无】，即中心对正）
指定起点或[对正(J)比例(S)样式(ST)]: 捕捉轴线交点，沿着轴线绘制墙线，并在有窗口的地方断开

然后绘制内墙线，操作步骤与外墙线相同，但需注意图 9-1 中的内墙宽为 120mm，因此多线比例要改为 120。

此时的绘制效果如图 9-6 所示。

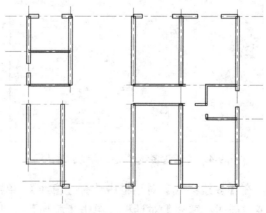

图 9-6　绘制墙线的中间过程

　　绘制出来的墙线在连接处不符合要求，需要使用多线编辑对其进行编辑。选择【修改】→【对象】→【多线】命令，弹出【多线编辑工具】对话框，从中选择合适的接头选项，根据提示单击接头的两个多线，即可方便地处理接头。

　　修改接头后的图形如图 9-7 所示。

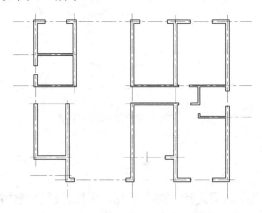

图 9-7　接头经过编辑后的墙线

　　门窗洞口可以采用"偏移轴线至门窗洞口位置，然后修剪（Trim）墙线"的方法留出，也可以在绘制墙线时预先留出洞口位置或两种方式相结合。最后经过修正得到完整的墙线。墙线开洞口的过程如图 9-8 所示。

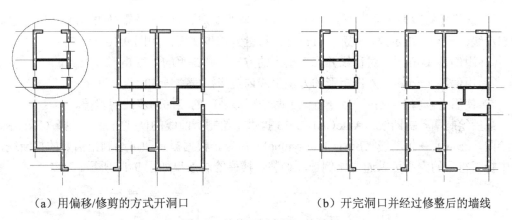

（a）用偏移/修剪的方式开洞口　　　　　　　　　　（b）开完洞口并经过修整后的墙线

图 9-8　墙体开门窗洞口的过程

　　平面图中的窗图例为 4 条平行细线（不带窗台），可以采用多线的方法绘制。在墙线中的窗洞口位置绘制创建好的窗线多线即可。窗多线样式在定义墙线时已经定义了，方法如前所述。

　　另一种方法是定义并插入窗图块（参考第 6 章），此方法也适用于带有窗台的窗。为了使窗能够适应不同宽度的窗和墙体厚度，可绘制一个单位窗，即窗图例的宽度和厚度都是 1，在插入时根据具体情况，选择与窗洞口宽度、墙体厚度相适应的比例，就能把窗插入平面图中。建筑平面图中门为 45° 中粗短线，可通过设置极轴角度 45° 和绘制直线的方法创建。插入窗户之后的平面图如图 9-9 所示。

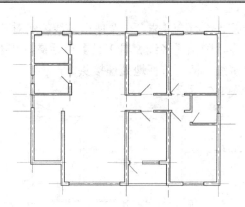

图 9-9　插入窗户之后的平面图

4．绘制楼梯、阳台

（1）绘制楼梯

本实例所绘制的建筑平面图是标准层平面图，所以楼梯也是中间层楼梯。

观察图形：该楼梯是两跑式楼梯，楼梯间开间和进深分别为 2200、3600，每一个梯段有 8 个踏步面，踏步宽度 300。中间的扶手图例由两个矩形和一条中心轴线组成。

将【其他】图层设置为当前图层。楼梯的画法如下：

① 用偏移轴线的方法绘制楼梯中间的对称线（点划线）。用 line 命令绘制出楼梯的起步线。

② 选择【修改】→【阵列】命令，弹出【阵列】对话框。选择阵列的对象为刚才绘制的起步线，行数为踏步数，列数为 1，行偏移量为踏步宽度，如图 9-10 所示。

③ 用偏移（offset）对称线并修剪整齐的方法绘制扶手的外框矩形。

④ 用偏移（offset）外框矩形的方法生成内矩形，偏移量 50。

⑤ 使用【修剪】（trim）命令将位于两个矩形之间的楼梯踏步线剪裁掉。

最后绘制两条折断线。AutoCAD 2013 提供了绘制折断线的便捷方法：选择（Express）→绘图（draw）→折断线（break-line symbol）命令。根据提示即可绘制出需要的折断线，其中折断符号的大小可以通过比例选项调整。楼梯绘制效果如图 9-11 所示。

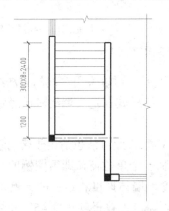 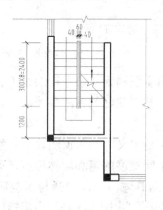

图 9-10　楼梯图例的绘制过程　　　　图 9-11　楼梯图例的绘制结果

（2）绘制阳台

在平面图上的阳台、放置炉灶的阴台、雨蓬和放置空调的搁板都是凸出墙面的部分，其画法基本上是一致的。其中阳台的栏杆图例为两道细实线，可以采用【多线】命令绘制，如图 9-12 所示。

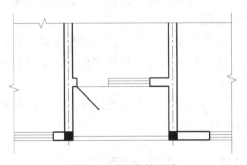

图 9-12　阳台的画法

5. 尺寸标注和书写文字

在平面图上需要标注的尺寸有房屋的总长、总宽，门窗洞口的宽度和位置，墙体厚度，楼面标高等。

建筑平面图中的外墙需要标注 3 道尺寸，下面以前侧外墙为例说明这 3 道尺寸的标注方法。标注的顺序为从内到外：先标注门窗洞口宽度和位置，然后标注轴线间距，最后标注总长。操作步骤如下：

（1）将【尺寸】图层设置为当前图层。确定当前标注样式为建筑标注。

（2）单击标注工具栏上的按钮，启动【线性尺寸标注】命令（dimlinear）。标注Ⓐ轴墙体外缘到轴线①距离，即墙体厚度一半 120。

（3）单击标注工具栏上的按钮，启动【连续尺寸标注】命令（dimcontinue）。连续单击门窗洞口位置和轴线位置，将第一道尺寸标注完整。

下面标注定位轴线之间的尺寸，即开间尺寸。

（1）单击标注工具栏上的按钮，启动【基线尺寸标注】命令（dimbase）。标注轴线①和轴线②之间的距离（注：S 选项可改变基线标注的起点）。

（2）单击标注工具栏上的按钮，启动【连续尺寸标注】命令（dimcontinue）。连续单击其他轴线位置，将第二道尺寸标注完整。

最后采用基线标注标注总长，方法同上。

此时，下面外墙的 3 道尺寸标注完成，如图 9-13 所示。

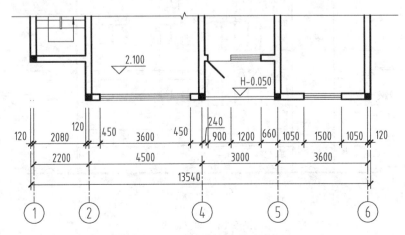

图 9-13　下面外墙的 3 道尺寸标注

标注出来的尺寸数字，可以使用【编辑标注文字】（dimedit）命令进行调整。另一种更简单的方法是采用夹点操作，直接选择被标注的尺寸，将尺寸上蓝色的关键点拖动到合适的位置即可。

其他外墙尺寸的标注方法与上述一样，此处不再累述了。

楼面标高尺寸的标注采用插入的标高图块并输入相应标高数字的方法绘制。完成标注的平面图如图 9-1 所示。

书写文字前应先设置好字体，然后使用 text 命令，确定需要书写的位置和输入文字内容即可。

9.1.2　建筑立面图

建筑立面图是反映建筑物外观的主要图纸，其绘制过程一般是按照从底层、标准层到顶层的顺序。建筑立面图的绘图步骤如下：

（1）设置绘图环境。

（2）绘制定位轴线、外墙的轮廓线、地平线、各层的楼面线。

（3）绘制外墙面构件轮廓线。

（4）各种建筑构配件的可见轮廓线。

（5）绘制建筑物细部，例如门窗、阳台、雨水管等。

（6）添加尺寸标注。

（7）添加图框、标题栏，并填写标题。

下面以图 9-14 所示的某住宅楼南立面图为例，介绍建筑立面图的绘制方法。

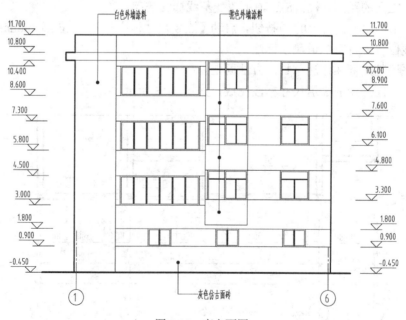

图 9-14　南立面图

1. 建立立面图的绘图环境

（1）设置图形单位和绘图边界

本例图采用 A3 图纸并足尺作图，因此设置的绘图界限是（0，0）→（42000，29700）。设置长度单位为小数，精度为两位数；设置角度单位为度，精度为整数。

（2）设置图层颜色和线型

按照《建筑制图标准》要求，用特粗实线绘制地平线；用粗实线绘制立面的最外轮廓线和位于立面轮廓内的具有明显凹凸起伏的所有形体与构造，如建筑的转折、立面上的阳台、雨蓬、窗台、凸出墙面的柱子等；用中粗线绘制门窗洞口轮廓；用细实线绘制其余所有的图线、文字说明指引线、墙面的装饰分割线、图例线等。

根据立面图的绘制内容和所使用的图线，建立立面图的图层、颜色、线型和线宽，如表 9-3 所示。

表9-3　建筑立面图的图层设置

图 层 名 称	线　　型	颜　　色	线　　宽
轴线	CENTERX2	红色	0.18
轮廓	Continuous	白色	0.7
构造	Continuous	浅黄色	0.18
地平线	Continuous	青色	1.0
图例	Continuous	蓝色	0.18
窗洞	Continuous	黄色	0.35
标注	Continuous	绿色	0.18
索引	Continuous	浅蓝色	0.18
辅助	Continuous	灰色	0.18

（3）其他设置

辅助绘图工具、文字样式以及尺寸标注样式的设置方法与前述平面图中的设置完全一样。

2. 绘制定位网格线

在大多数立面图上，都是比较规则的图形元素的排列，因此首先绘制出辅助定位网格线，对于后面绘图时定位是非常有利的。

把【辅助】图层设置为当前图层，分别绘制一条水平的和竖直的直线，作为定位基准线。通常以地平线为水平基准，以房屋左侧的垂直轮廓线作为竖直基准。然后以基准线为基础，使用【偏移】（offset）命令生成辅助网格。效果如图 9-15 所示。

3. 绘制地平线、轮廓线和屋檐线

把【地平线】图层设置为当前图层，使用【直线】命令在最下面一条网格线上绘制出一条水平线作为地平线。

把【轮廓】图层设置为当前图层，使用【直线】命令绘制出立面图的轮廓。注意在屋檐处的轮廓线是间断的。

将【构造】图层设置为当前图层，开始绘制屋檐。屋檐是由突出外墙的直线段构成，悬挑出外墙 600mm。在相应位置直接用【直线】（line）命令绘制即可。绘制效果如图 9-16所示。

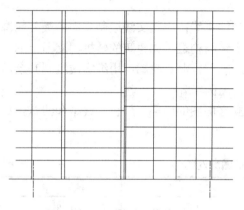

图 9-15　辅助网格线

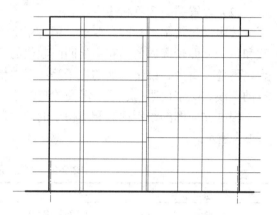

图 9-16　绘制出轮廓线和屋檐的立面图

4. 绘制门窗洞口

本实例中立面的门窗洞口有 4 种尺寸。首先将【窗洞】图层设置为当前图层，然后使用【画矩形】（rectangle）命令，捕捉相应位置的辅助线交点绘制出门窗洞口。

绘制门窗图例。本立面图中共有 4 种窗户类型。下面以第 1 种窗户为例（如图 9-17 所示立面图中的窗户）来说明窗户的画法。其步骤如下：

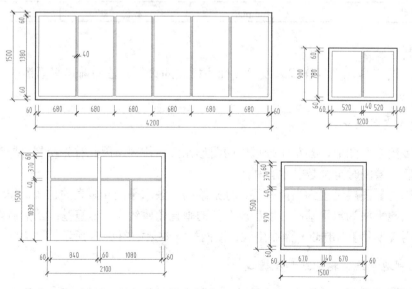

图 9-17　立面图中的窗户尺寸

（1）把【窗户】图层设置为当前图层，使用【矩形】（rectang）命令在图中的空白位置绘制一个 1500×1500 的矩形。

（2）使用【偏移】（offset）命令，将该矩形向内偏移 60mm，创建内框。使用【分解】（explore）命令分解内框矩形。

（3）使用【直线】（line）命令，捕捉内框上下边的中点画一条竖向直线，分别向左和向右偏移该直线 20mm。

（4）使用【修剪】（trim）命令修剪窗框，完成图例。

其他 3 种类型的窗户的绘制方法同上。其中门连窗 MC1 只需画出露在阳台外的部分即可。

窗户图例创建好后，使用【复制】命令将窗户复制到相应的位置即可。

另一种方法是将窗户图例定义成图块，图块的名称分别为"窗 1"、"窗 2"……基点选择在窗户的左下角点。最后将定义的图块插入立面图中。

使用图块插入到图中的好处是，当立面图中此类型的窗户较多，又需要修改窗户图例时，只需要重新定义该图块即可，修改极为方便。窗户绘制完成后的立面图如图 9-18 所示。

最后，使用【直线】命令绘制阳台和墙面分隔线。

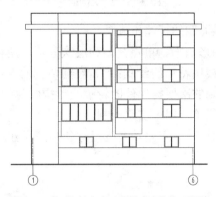

图 9-18　绘制出窗户图例后的立面图

5. 标注尺寸和注写文字

立面图中需要标注的尺寸主要是标高尺寸，文字说明主要是外表装修说明。

标高可以采用插入的标高图块并给出相应的标高作为属性值。图块的设置和插入方法前面已经介绍过，此处不再累述了。插入标高后的立面图如图 9-14 所示。

外装修主要是文字说明，可以通过【多重引线】（mleader）标注命令标注，先设置多重引线样式（方法同第 7 章），按照提示操作即可。同理，立面图中的文字说明也用此命令标注，然后添加引线，绘制出说明文字后的立面图如图 9-14 所示。

9.1.3　建筑剖面图

下面以 1-1 剖面图为例（如图 9-19 所示），介绍建筑剖面图的绘制过程。

建筑剖面图与建筑平面图、建筑立面图相同或相似的结构如下：

（1）轴线网、墙线、剖切到的门窗的结构形式与平面图中的相同。

（2）可见门、窗的结构形式与立面图中的相同。

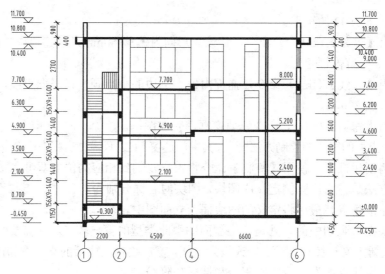

图 9-19　建筑剖面图

（3）剖面图的标注与立面图的标注相近。

为了使建筑剖面图的图形清晰、重点突出和层次分明，所使用的图线线宽应当按照下述要求选取：① 室外地平线用特粗线绘制；② 被剖切到的主要构造、构配件的轮廓线使用粗实线绘制；③ 被剖切到的次要构配件的轮廓线、构配件的可见轮廓线用中粗线绘制；④ 其余图线，如门窗图例线等，用细实线绘制。

建筑剖面图上所标注的尺寸，主要是高度尺寸和标高尺寸。

1. 剖面图绘图环境设置

（1）设置绘图界限和单位

本例图采用 A3 图纸并足尺作图，因此设置的绘图界限是（0,0）→（42000, 29700）。设置长度单位为小数，精度为两位数；设置角度单位为度，精度为整数。

（2）设置图层、颜色和线型

根据剖面图的绘制内容和所使用的图线，建立剖面图的图层、颜色、线型和线宽，如表 9-4 所示。

表9-4　剖面图图层设置

图 层 名 称	线　　型	颜　　色	线　　宽
轴线	CENTERX2	红色	0.18
墙线	Continuous	白色	0.7
楼层	Continuous	黄色	0.7
地平线	Continuous	青色	1.0
图例	Continuous	蓝色	0.18
标注	Continuous	绿色	0.18
索引	Continuous	浅蓝色	0.18
辅助	Continuous	灰色	0.18

（3）其他设置

辅助绘图工具、文字样式以及尺寸标注样式的设置方法与前述平、立面图中的设置完全一样。

2. 绘制剖面图

（1）绘制辅助定位网格

把【辅助】图层设置为当前图层，分别绘制轴线①～⑥作为竖直定位基准线，绘制一条水平直线作为水平定位基准线。

然后分别以水平和竖直基准线为基础，使用【偏移】（offset）命令生成辅助网格。参照楼层标高以及平面图中墙体、门窗的位置，生成辅助定位网格线。经过整理、修剪，效果如图 9-20 所示。

（2）绘制墙体的轮廓

把【墙线】图层设置为当前图层，使用【多线】（mline）命令生成竖向①轴、②轴、④轴和⑥轴的墙线，根据墙体厚度设置多线比例为 240，绘制⑥轴线墙体时可根据窗户的位置适当断开墙线。修改多线比例为 120，绘制卫生间隔墙。此时绘制的剖面图如图 9-21 所示。

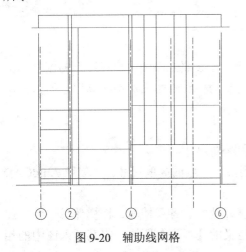

图 9-20　辅助线网格　　　　　　　　　图 9-21　绘制出墙线后的剖面图

（3）绘制楼板、屋面、过梁断面的轮廓

因为楼板的厚度和屋面的厚度都是 100，所以分别以楼面位置的水平辅助线为基准，向下偏移 100，并且把偏移得到的水平线和被偏移的网格线都改变到【楼层】图层。再将墙线位于楼面中的线段通过分解、修剪的方法进行修剪。

绘制过梁断面。在楼面和屋面下面的墙体位置都设有过梁，外墙位置的过梁断面大小为 240×400，内墙位置的过梁断面大小为 240×300。使用【画矩形】命令在相应的位置绘制出相应大小的矩形，并使用【填充】（hatch）命令填充成黑色。此时绘制的剖面图如图 9-22 所示。

（4）绘制楼梯间

从剖切的位置可以看到左边楼梯间的楼梯立面图，梯段从标高为 0.7 的楼面位置开始。

把【楼梯间】图层设置为当前图层，偏移轴线①，偏移距离为梯段宽度 1070，生成竖直梯段线，然后再偏移梯段线 30，绘出楼梯扶手。使用【直线】（line）命令绘制梯段左边最下端的踏步线，然后使用【阵列】（array）命令对该踏步线向上阵列，间距为 156，阵列个数为 9，生成整个梯段的踏步线。

使用【复制】（copy）命令将生成的第 1 梯段图分别复制到二层、三层位置，修剪三层楼梯并绘出扶手即可完成楼梯图。楼梯间立面图如图 9-23 所示。

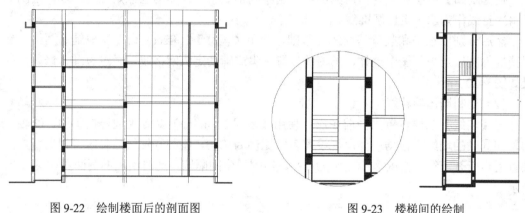

图 9-22　绘制楼面后的剖面图　　　　　　图 9-23　楼梯间的绘制

（5）其他细节部分

本剖面图中可以看到窗户 C2 和门 M3 的立面图例，参照立面图中窗户图例的创建和插入方法即可完成绘制。由于绘图比例较小，被剖切到的楼板断面图例不必画出，而只需涂黑即可，可使用【图案填充】命令完成。

（6）标注尺寸

在剖面图中需要标注的尺寸主要是高度尺寸和标高尺寸。

外墙的高度方向的线性尺寸，一般为门、窗洞及洞间墙的高度尺寸。可使用 AutoCAD 的【线性标注】命令完成。

在剖面图中需要标注主要部位的标高，包括室外地面、各层楼面、楼梯休息平台、屋顶面等各处的标高，标注这些标高尺寸时，使用定义的【标高】图块，将其插入图中的相应位置，并用相应的标高值作为图块的属性。

完成标注的剖面图如图 9-19 所示。

9.1.4　建筑详图

下面以如图 9-24 所示的楼梯剖面详图为例，介绍详图的画法。

1. 绘图环境的设置

楼梯剖面图的画法与建筑剖面图相同，是用竖直的剖切平面剖切楼梯的一侧梯段，并向没有被剖切到的梯段方向投影得到的。被剖切到的墙线用粗实线绘制；其他图线，如尺寸线、尺寸界线、标高符号、门窗图例等用细实线绘制；绘制比例比较小时，被剖切到的建筑构件可以采用涂黑的方法表示。

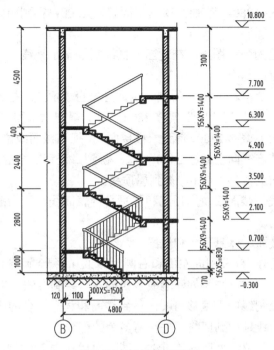

图 9-24　楼梯剖面详图

楼梯详图的图层、颜色、线型和线宽按照表 9-5 进行设置。

表9-5　楼梯详图的图层设置

图 层 名 称	线　　型	颜　　色	线　　宽
轴线	CENTERX2	红色	0.18
墙线	Continuous	白色	0.7
楼面	Continuous	黄色	0.7
楼梯	Continuous	青色	0.35
图例	Continuous	蓝色	0.18
标注	Continuous	绿色	0.18
索引	Continuous	浅蓝色	0.18
辅助	Continuous	灰色	0.18

绘图界限、绘图单位、绘图辅助工具、文字样式、尺寸样式等的设置与建筑剖面图中相应的设置完全相同，此处不再累述了。

2. 绘制楼梯剖面详图

（1）绘制定位轴线和高度控制线

设置【轴线】图层为当前图层。在绘图区的左侧绘制一条竖直线，再使用【偏移】命令将其向右偏移 4800，这样就绘制出两条定位轴线。在这两条定位轴线的下方插入【定位轴线】图块，并使用相应的轴线编号 B 和 D 作为块的属性。

将轴线 B 向右偏移 1080，将轴线 D 向左侧偏移 1200，得到两条辅助线，并将这两条辅助线改变到【辅助】图层。

设置【楼面】图层为当前图层，在适当位置绘制一条水平线，作为楼梯间的地面线，同时也是高度方向的定位基准。

将楼梯间地面线向上偏移 1000，得到一楼休息平台表面线，把该线位于右侧的部分使用【修剪】命令修剪，再将其连续向上偏移 2800 两次，得到二楼和三楼的休息平台表面线。

将楼梯间地面线向上偏移 2400，得到一楼楼面线，把该楼面线位于左侧的部分使用【修剪】命令修剪，再将其连续向上偏移 2400 两次，得到二楼和三楼的楼面线。

将楼梯间地面线向上偏移 10800，得到屋顶线。

这些楼梯间地面线、楼面线、屋顶线和休息平台表面线，即为高度方向的控制线。此时的图形如图 9-25 所示。

（2）绘制墙线、楼面、休息平台和过梁

绘制墙线。将轴线 B、D 分别向左侧和右侧偏移 120，得到两条墙线，把这两条墙线改变到【墙线】图层。另一种方法是创建墙线多线样式，绘制方法和平面图中的墙线一样。

分别把各条高度控制线向下偏移 100，得到楼面和休息平台的底面线，使用【延伸】命令将楼面和休息平台线延伸到墙线，并修剪多余的部分。

过梁有两种：一种是位于外墙内的过梁，其断面尺寸为 240×400；另一种是楼梯梁，其断面尺寸为 240×300。在相应的位置分别绘制两个矩形，再将其复制到指定位置即可得到各位置的过梁。

这时的楼梯剖面图如图 9-26 所示。

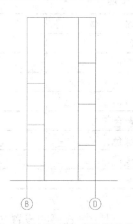

图 9-25　绘制出定位轴线和高度控制线的楼梯剖面

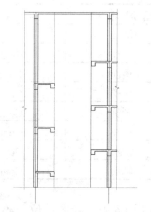

图 9-26　绘制出墙体和平台的剖面图

（3）绘制楼梯梯段

首先绘制从一层上二层的第一个梯段。步骤如下：

① 把【辅助】图层设置为当前图层，从一层楼面线的左端点向左绘制一条水平线，再使用【阵列】命令将其向上阵列，间距为 156，阵列个数为 9。

② 从一层楼面线的左端点向上绘制一条竖直线，再使用【阵列】命令将其向左阵列，

间距为 300，阵列个数为 8，得到楼梯踏步网格线。

③ 把【楼梯】图层设置为当前图层，沿着辅助网格线绘制楼梯踏步。

④ 用直线连接楼梯踏步的第一个和最后一个角点，使用【偏移】命令偏移该直线，偏移距离为 80（梯板厚），即可得到楼梯段底线。绘制过程如图 9-27 所示。

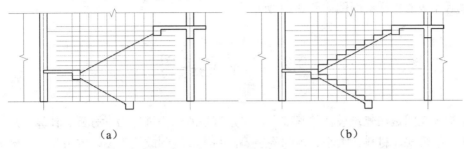

（a）　　　　　　　　　　　　　　　　（b）

图 9-27　楼梯梯段的画法

绘制出第一个梯段后，可以将为了绘制这个梯段所绘制的辅助线删除，然后把这个梯段使用【复制】命令复制到二楼上三楼的第一个梯段位置。再把这个梯段使用【镜像】命令进行复制，将得到的梯段移动到相应的梯段位置，并把多余的部分修剪掉。

一层杂物房的梯段与上述第一梯段的画法相同，只是踏步宽为 300，第一个踏步高为 170，其余踏步高为 166。绘制出这个梯段后的剖面图如图 9-28 所示。

使用【图案填充】命令，将墙体填充为砖墙图例（45°斜线），楼梯休息平台、梯段和楼板被剖切到的位置用钢筋混凝土的图例填充。其中，钢筋混凝土的图例为混凝土图例（AR-CONC）和 45°斜线两种图例的叠加。

绘制楼梯护栏和扶手。楼梯护栏的高度为 1000，其中木质扶手高为 100，栏杆间距为 150。从上楼的第一级台阶踏步线 75 的位置开始向上绘制长度为 900 的线段，然后再按住 Shift 键后单击，在弹出的快捷菜单中选择【平行线】命令，再把鼠标指针移动到楼梯梯段的底线上，停留片刻，直到出现黄色提示【平行】再移动鼠标指针来追踪与楼梯梯段底线平行的直线，从而画出第一个梯段的护栏，将该护栏线向上偏移 100，得到护栏的扶手线。栏杆线可以通过等距偏移第一条竖直栏杆线得到。为了作图方便，只需画出第一层楼梯的扶手栏杆，其他楼层的栏杆线可以省略。画好栏杆的楼梯剖面图如图 9-29 所示。

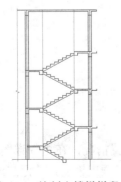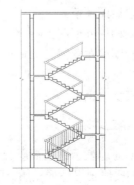

图 9-28　绘制出楼梯梯段图　　　　　　图 9-29　绘制出楼梯扶手和栏杆

（4）标注尺寸和文字

在楼梯剖面图中，主要标注线性尺寸和标高尺寸。线性尺寸通过尺寸标注命令【线性标注】和【连续标注】来进行标注；标高尺寸的标注只需将前面定义的标高图块插入到相应位置，并使用标高值作为属性值即可。

最后完成的楼梯剖面图如图 9-24 所示。

9.2 结构施工图

结构施工图是在建筑设计的基础上，对建筑物的结构进行力学分析、计算，从而确定结构构件的形式、材料、大小、内部构造等，并将其绘制成施工图。本节将以实例的方式介绍钢筋混凝土构件详图的绘制方法。

本节将以如图 9-30 所示的钢筋混凝土梁结构为例，介绍钢筋混凝土构件详图的绘制方法。

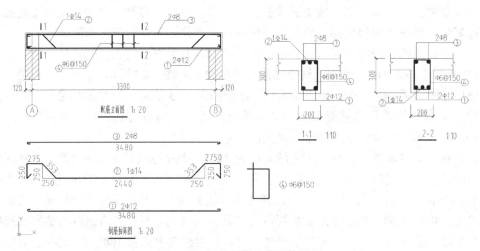

图 9-30 钢筋混凝土梁结构详图

结构施工图中的钢筋混凝土结构图，其绘制方法可以按以下步骤进行。

（1）设置绘图环境。

（2）绘制构件外形图。

（3）绘制钢筋布置图。

（4）标注尺寸。

（5）注写文字说明。

1. 设置绘图环境

为便于明显地表示钢筋混凝土构件中的钢筋布置情况，在构件详图中，假想混凝土是透明的，用细实线画出外形轮廓，用粗实线或黑圆点画出钢筋，并标注出钢筋种类的符号、直径大小、根数、间距等，在断面图上不画混凝土或钢筋混凝土的材料图例，被剖切到的砖砌体的轮廓线用中实线绘制，砖与钢筋混凝土构件在交接处的分界线仍按钢筋混凝土构件轮廓线画成细实线，在砖砌体的断面上应画出砖的材料图例。

根据对构件图的线型分析，图层、线型、颜色、线宽的设置如表 9-6 所示，其他设置还有绘图界限、文字样式、标注样式、绘制图框、标题栏等。

表9-6　钢筋混凝土构件详图的部分设置

图 层 名 称	线　型	颜　色	线　宽
轴线	CENTERX2	红色	0.18
轴线编号	Continuous	粉色	0.18
粗实线	Continuous	白色	0.7
中实线	Continuous	黄色	0.35
细实线	Continuous	浅黄色	0.18
虚线	Continuous	蓝色	0.35
文字	Continuous	青色	0.25
尺寸	Continuous	绿色	0.25
钢筋	Continuous	紫红色	0.7
图框	Continuous	棕黄色	0.7
其他	Continuous	浅蓝色	0.18

对于文字样式的设置，其名称可取为【文字】，字型选择【仿宋体】。如果在图中需要注写特殊字符，可以使用 gbxwxt.shx 字体文件（该字体文件由《房屋建筑制图统一标准》所附带的光盘提供，也可以在相应网站上下载）。该字体文件中包含一些特殊符号，如一级钢筋符号 ф 可用%%180，二级钢筋符号 Φ 可用%%181。

2. 绘制钢筋混凝土梁立面图

钢筋混凝土构件详图的绘制步骤如下：

（1）绘制轴线

设置【轴线】图层为当前图层，打开正交功能，执行【直线】命令，生成轴线Ⓐ，再通过执行【偏移】命令得到另一条轴线Ⓑ。

（2）绘制轴线编号

设置【轴线编号】图层为当前图层，定义并插入轴线编号图块，再定义属性即可。

（3）绘制梁的外形和墙体

绘制梁的轮廓线。设置【细实线】图层为当前图层，使用【矩形】命令绘制梁的外轮廓。

绘制墙体。使用【偏移】命令，通过偏移轴线Ⓐ，确定左侧外墙线，再通过偏移外墙线生成内墙线，修剪到所需长度，并将墙线改到【中实线】图层。右侧Ⓑ轴线的墙体绘制方法同上。

折断符号可以很方便地通过拆分：Express→Draw→Break-line symbol 命令绘制出来。

使用【图案填充】命令，选择剖面线图例 ANSI31，画出墙体材料符号。

（4）画钢筋的投影

将【钢筋】图层设置为当前图层。立面图中的钢筋是按照实际投影画出的，使用【多段线】（pline）命令绘制。下面以梁①号钢筋为例，介绍绘制两端带弯钩钢筋的过程。

```
命令: pline
指定起点:（在屏幕上选一点）
当前线宽为 0.000
指定下一点或[圆弧(A)/半宽(H)/长度(L)/放弃(U)/宽度(W)]: W↙（调整线宽）
指定起点宽度<0.000>: 12↙
指定端点宽度<12.000>: ↙
指定下一点或[圆弧(A)/半宽(H)/长度(L)/放弃(U)/宽度(W)]: @-36,0↙
（画钢筋左半段弯钩的平直段，长度＝3d）
指定下一点或[圆弧(A)/半宽(H)/长度(L)/放弃(U)/宽度(W)]: A↙（画钢筋左半段弯钩）
指定圆弧的端点或[角度(A)/圆心(CE)/闭合(CL)/方向(D)/半宽(H)/直线(L)/半径(R)/第二个点(S)/放弃(U)/宽度(W)]: R↙（选择半径）
指定圆弧的半径:15↙（弯钩直径=2.5d）
指定圆弧的端点或[角度(A)]: A↙（选择角度）
指定包含角: 180↙（输入圆心角）
指定圆弧的弦方向<180>:（鼠标指针向下拖动，单击）
指定圆弧的端点或[角度(A)/圆心(CE)/闭合(CL)/方向(D)/半宽(H)/直线(L)/半径(R)/第二个点(S)/放弃(U)/宽度(W)]: L↙（选择直线）
指定下一点或[圆弧(A)/闭合(C)/半宽(H)/长度(L)/放弃(U)/宽度(W)]: L↙（选择输入直线段长度）
指定直线长度:3450↙指定下一点或[圆弧(A)/闭合(C)/半宽(H)/长度(L)/放弃(U)/宽度(W)]: A↙（画钢筋右半圆弯钩）
指定圆弧的端点或[角度(A)/圆心(CE)/闭合(CL)/方向(D)/半宽(H)/直线(L)/半径(R)/第二个点(S)/放弃(U)/宽度(W)]: R↙（选择半径）
指定圆弧的半径: 15↙
指定圆弧的端点或[角度(A)]: A↙（选择角度）
指定包含角: 180↙（输入圆心角）
指定圆弧的弦方向<180>:（鼠标指针向上拖动，单击）
指定圆弧的端点或[角度(A)/圆心(CE)/闭合(CL)/方向(D)/半宽(H)/直线(L)/半径(R)/第二个点(S)/放弃(U)/宽度(W)]: L↙（选择直线）
指定下一点或[圆弧(A)/半宽(H)/长度(L)/放弃(U)/宽度(W)]: @-36,0↙（钢筋端点）
指定下一点或[圆弧(A)/半宽(H)/长度(L)/放弃(U)/宽度(W)]:↙（结束）
```

绘制效果如图 9-31 所示。

图 9-31　带有半圆形弯钩的钢筋画法

画出的钢筋若位置不合适，可用【移动】命令调整钢筋位置。若钢筋长度不合适，可用【拉伸】命令调整钢筋长度。

用【多段线】命令绘制上部受拉钢筋、弯起筋，如图 9-32 所示。

图 9-32　立面图中的钢筋

（5）画钢筋的编号

将【编号】图层设置为当前图层，用画轴线编号同样的方法创建钢筋编号图块，并插入到图中适当位置即可。注意，钢筋编号圆的直径为 6mm。用【直线】命令画编号引出线，完成编号，并在编号旁边用【文字】（text）命令写出钢筋的类型，如图 9-33 所示。

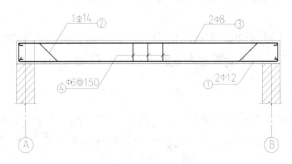

图 9-33　绘制出钢筋编号

（6）标注尺寸

尺寸标注样式的设置方法与建筑平面图一样。但要注意配筋立面图的绘图比例为 1:20，而断面图为 1:10，可将尺寸设置为注释性，通过调整注释比例来调整其显示效果。

绘制断面符号，注写图名。完成后的梁立面图如图 9-34 所示。

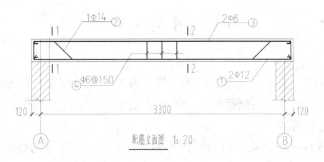

图 9-34　完成后的梁立面图

3．绘制梁的断面图

梁的断面图表示梁内部钢筋的布置情况，比例可适当放大。在本例中，梁的断面图用 1:10 的比例绘制；若断面图和立面图放在同一张图纸上，则断面图应比立面图放大 2 倍绘图。

（1）绘制梁断面外形

梁的断面是一个矩形，可以使用【矩形】命令绘制。

（2）画箍筋

断面轮廓内的箍筋可以使用【偏移】命令将断面外形偏移得到。再改变线型，将箍筋

· 193 ·

加粗，并绘制出弯钩。使用【镜像】命令得到对称的箍筋。

（3）画钢筋断面

使用【圆环】命令绘制钢筋断面。

画出一个钢筋断面后，可用【复制】命令得到其他的钢筋断面。

（4）标注钢筋编号

从梁立面图中复制钢筋编号到断面图，再画引出线，注写钢筋规格。

（5）注写钢筋规格

使用【文字】命令来注写标注中的文字。

（6）标注尺寸

断面图尺寸样式的设置和配筋立面图相同，同样将标注设置为注释性。

绘制完 1-1 断面后，将 1-1 断面图复制一份，局部修改即可得到 2-2 断面图。

4. 绘制钢筋分离图

将立面图中绘制好的①～③号钢筋复制到立面图下面，标注出钢筋编号和各段长度，即可得到钢筋分离图。最后得到如图 9-30 所示的钢筋混凝土梁的钢筋布置图。

5. 在布局空间中进行布图和打印

本图中配筋立面图和断面图均用 1:1 比例绘制。完成全图后转入布局空间，插入视口，并将配筋立面图和断面图分别放在不同视口中，调整其视口显示比例分别为 1:20 和 1:10，最后插入图框完成全图。

9.3 桥梁工程图

绘制桥梁工程图，基本和其他工程图一样，有着共同的规律，首先确定投影图的数目（包括剖面和断面）、比例和图纸尺寸。一般画立面图、平面图、横剖面图时由于要求不一样，采用的比例也不相同。

下面以图 9-35 所示的桥梁总体布置图为例，介绍桥梁工程图的画法。桥梁总体布置图主要表明桥梁的型式、跨径、净空高度、孔数、桥墩和桥台的型式、总体尺寸、各主要构件的相互位置关系等情况。

1. 绘图环境设置

（1）绘图界限和绘图单位

如图 9-35 所示为一总长度为 105.08m 的三孔简支桥梁，它是由平面图、立面图和剖面图来表示的。在保留出足够的标注尺寸、文字的空间后，设置绘图界限为 22100×13000。注意桥梁工程图的绘图单位一般为 cm，与建筑工程图不同。设置绘图单位为十进制，插入比例为厘米。

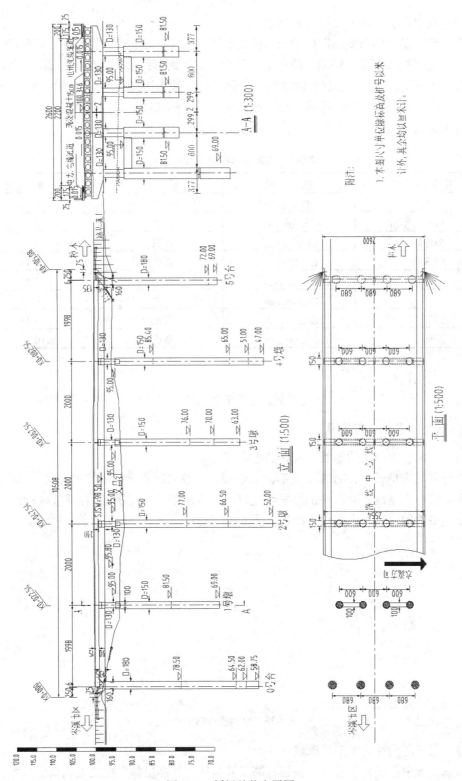

图 9-35　桥梁总体布置图

（2）设置图层、线型、线宽和颜色

为了使桥梁总体布置图图面清晰，层次丰富，重点突出，应根据需要采用不同的线型。桥梁构件轮廓线（主梁、桥墩、桥台等）采用中实线绘制；被剖切的构件断面轮廓线（如图9-35中的桥墩断面）采用粗实线绘制；其他细节，如图例线、河床线、示坡线等采用细实线绘制；看不到的构件轮廓线用细虚线绘制；尺寸标注用细实线绘制。

根据对构件图的线型分析，图层、线型、颜色、线宽的设置如表9-7所示。

表9-7　桥梁总体布置图的图层设置

图 层 名 称	线 型	颜 色	线 宽
轴线	CENTERX2	红色	0.18
构件外形	Continuous	白色	0.35
构件断面	Continuous	浅黄色	0.7
细虚线	DASHD2	蓝色	0.18
文字	Continuous	青色	0.25
尺寸	Continuous	绿色	0.25
细节	Continuous	黄色	0.18
图框	Continuous	紫色	0.7

（3）其他设置

其他设置还有文字样式、标注样式，绘图辅助工具设置等可参照建筑工程图的设置方法。

2．绘制桥梁总体布置图

（1）绘制各投影图的基线或构件的中心线

先分别画出平、立、剖3个图形的中心线。一般选取各投影图的中心线、对称轴线、桥面和梁底作为基线。立面图的水平线是以梁顶为水平基线，桥墩的位置以桥的对称轴线作为垂直基准线。绘制中心线后的图如图9-36所示。

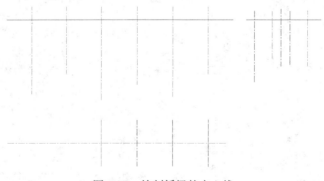

图9-36　绘制桥梁的中心线

（2）画出各构件的主要轮廓线

以基线或中心线为出发点，根据标高及各构件尺寸画出构件的主要轮廓线。如图9-37所示，先从梁顶基准线开始依次画出主梁、桥墩等主要轮廓线。

（3）画出各构件的细部和其他细节

根据主要轮廓线从大到小画全各构件的投影，画时注意各投影图的对应线条要对齐。其他细节包括桩基础断面图例、桥面板的细部，以及河床线和河堤的示坡线等，如图 9-38 所示。

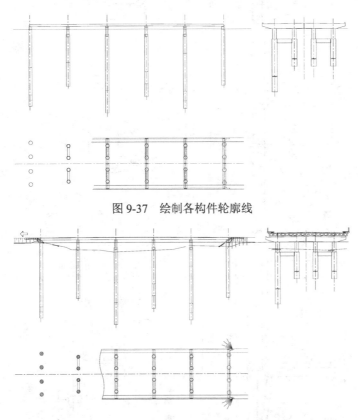

图 9-37　绘制各构件轮廓线

图 9-38　绘制出细节的桥梁总体布置图

（4）标注尺寸和文字。

桥梁总体布置图的标注有线性标注和标高两种。立面图和平面图是用 1:500 比例绘制，标注尺寸应新建一尺寸样式 C500，在【调整】选项卡中标注特征比例，使用全局比例为 500。A-A 剖面图采用 1:300 的比例，因此尺寸样式 C300 可以以尺寸样式 C500 为基本样式，只要修改【调整】选项卡中的标注特征比例，使全局比例为 300 即可。标高的标注方法和建筑图是一样的，但应注意标高图例为绝对标高的三角形即可。

最后的绘图效果如图 9-35 所示。

9.4　水利工程图

下面以图 9-39 所示的分水闸设计图为例，介绍水工建筑物图的绘制方法。

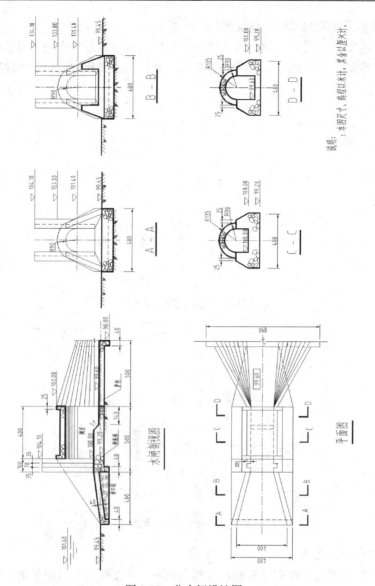

图 9-39　分水闸设计图

1. 绘图环境的设置

《水利水电工程制图标准》中规定：实线、虚线和点画线的宽度分为粗、中粗、细 3 个等级，要求在同一图纸上，同一等级的图线，其宽度应该一致。当图上线条较多、较密时，可按图线的不同等级，将建筑物的外轮廓线、剖视图的截面轮廓等用粗实线画出，将廊道、闸门、工作桥等用中粗线画出，使所表达的内容重点突出、主次分明。为了增加图样的明显性，图上的曲面应用细实线画出若干素线，斜坡面应画出示坡线。

根据图线分析，设置图形的图层、线型、线宽、颜色，如表 9-8 所示。其他设置还有绘图界限、绘图单位、文字样式、标注样式、绘图辅助工具设置等，可参照桥梁工程图的设置。

表9-8　分水闸图的图层设置

图 层 名 称	线　　型	颜　　色	线　　宽
轴线	CENTERX2	红色	0.18
构件轮廓	Continuous	白色	0.7
中粗线	Continuous	黄色	0.35
细实线	Continuous	黄色	0.18
细虚线	DASHD2	蓝色	0.18
文字	Continuous	绿色	0.25
尺寸	Continuous	绿色	0.25
细部	Continuous	红色	0.18
图例	Continuous	紫色	0.18

2. 绘制水闸（参考图 9-39）

（1）画出各个视图的作图基准线。

分水闸剖视图以闸室底板高程 100.00 为高度方向基准，平面图以分水闸对称线为宽度方向基准；分水闸剖视图和平面图均以建筑物左端面轮廓线为长度方向基准。A-A 剖视图最好按投影关系布置在左视图的位置。绘制出的基准线如图 9-40 所示。

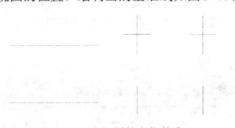

图 9-40　水闸图的定位基准

（2）先画出主要部分的轮廓。

在立面图中先绘制出分水闸剖视图中进口段、闸室、护坦、海漫等段的长度方向轮廓线，然后画细部。用同样的方法依次绘制平面和剖面的构件轮廓线。绘制出主要构件轮廓线后如图 9-41 所示。

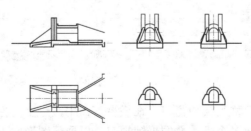

图 9-41　绘制出构件轮廓线的水闸图

（3）画建筑材料图例，标注尺寸。

（4）注写图名，填写必要的文字说明，完成全图，如图 9-39 所示。

第10章　图形输出

输出图形是计算机绘图的一个重要环节。本章将介绍如何把在计算机上绘制的工程图从打印机或绘图仪上输出，即打印出工程图。

10.1　模型空间与布局空间

模型空间与布局空间是 AutoCAD 中两个不同的工作空间，在 AutoCAD 中绘制好的图形，既可在模型空间输出，也可在布局空间输出。

1. 模型空间

模型空间主要用于建模，是 AutoCAD 默认的显示方式。当打开一幅新图时，系统将自动进入模型空间，如图 10-1 所示。一般而言，绘图工作都在模型空间中进行。模型空间是一个无限大的绘图区域，可以直接在其中创建二维或三维图形，以及进行必要的尺寸标注和文字说明。

图 10-1　模型空间

模型空间对应的窗口称为模型窗口。在模型窗口中，十字光标在整个绘图区域都处于激活状态，并且可以创建多个不重叠的平铺视口，以展示图形的不同视图，如绘制桥台三维图形时，可以创建多个视口，可以从不同的角度观测图形。修改一个视口中的图形后，其他视口中的图形也会随之更新，如图 10-2 所示。当绘图过程中只涉及一个视图时，在模型空间即可完成图形的绘制、打印等操作。

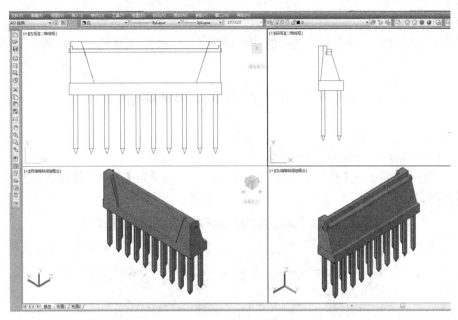

图 10-2 模型空间的视口

2. 布局空间

布局空间又称为图纸空间，主要用于出图。模型建立后，需要将模型打印到纸面上形成图样。使用布局空间可以方便地设置打印设备、纸张、比例尺、图样布局，并浏览实际出图效果，如图 10-3 所示。

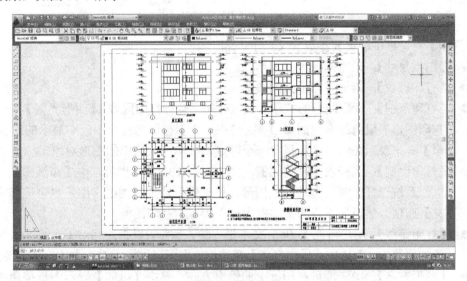

图 10-3 图纸空间

布局空间对应的窗口称为布局窗口，可以在同一个 AutoCAD 文档中创建多个不同的布局图。单击工作区左下角的各个布局按钮，可以从模型窗口切换到各个布局窗口。当需要将多个视图放在同一张图样上输出时，使用布局就可以很方便地控制图形的位置、输出比例等参数。

用户可以通过单击绘图窗口底部的 模型 布局1 布局2 和 模型 按钮来切换两个工作空间。

10.2 模型空间打印输出

在模型空间打印输出图形的步骤如下：

（1）选择【文件】→【打印】命令，如图 10-4 所示为单击【扩展】按钮 后扩展的【打印】对话框。

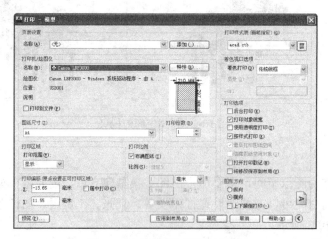

图 10-4 【打印】模型对话框

【打印】对话框中的主要参数含义如下。

◆ 【图纸尺寸】：指定图纸尺寸及单位。

◆ 【打印份数】：指定打印纸张的数量。

◆ 【打印范围】：设定图形的打印区域，有如下几种打印区域。【图形界限】——表示打印图形界限内的全部图形；【显示】——表示打印当前绘图区中显示的对象；【窗口】——表示在绘图区中指定一个区域，打印该区域中的图形对象。

◆ 【打印比例】：选择出图时的比例，如 1:2、1:100 等，也可选中【布满图纸】复选框，系统在打印时将自动缩放图形，以充满所选定的图纸。用户也可选择【自定义】选项，然后在下方的文本框中输入相应的打印比例。

◆ 【打印偏移】：用户可在 X 和 Y 文本框中输入数据，以指定相对于可打印区域左下角的偏移量。若选中【居中打印】复选框，则图形以居中对齐方式打印到图纸上。

◆ 【图形方向】：确定图形在图纸上的输出方向。其中【纵向】表示图形按照所绘制的方向输出；【横向】表示将图形按所绘方向旋转 90° 输出；【反向打印】表示将图形反方向打印。

◆ 【打印样式表】：单击右侧的 按钮，可以查看或修改当前指定的打印样式表中的打印样式。例如，可以设置所有图层的颜色在打印时为黑色。

在本例中，将打印机的名称设置为已经安装好的打印机型号，设置【图纸尺寸】为 A4，
【打印比例】为【布满图纸】，【图形方向】为【横向】，【打印范围】为【显示】，【打印样式
表】为 acad（编辑所有图层颜色为黑色），其余参数保持默认值。

（2）单击【预览】按钮，即可看到打印预览效果如图 10-5 所示。

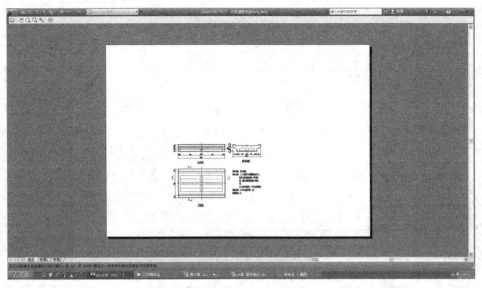

图 10-5　打印预览效果

（3）由打印预览可知，预览图并没有完全充满整张图纸。按 Enter 键，返回【打印】
对话框。在【打印范围】下拉列表框中选择【窗口】选项，系统回到模型空间，在绘图区
域内选取打印的图形范围。返回到【打印】对话框，单击【预览】按钮，预览重生成图形
后的打印效果，如图 10-6 所示。此时，所绘图形已经布满了整张图纸。

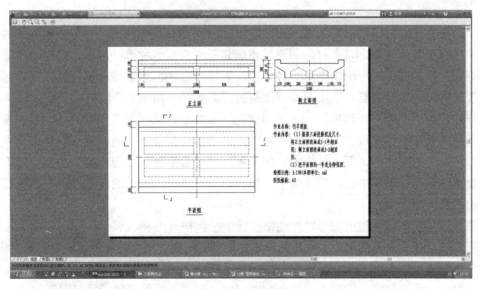

图 10-6　调整后的预览效果

　　按 Enter 键，返回【打印】对话框，再根据实际需要设置好其他参数后，单击【确定】按钮即可打印输出图形。

　　输出的图有图框和标题栏时，可以在模型空间画出图框和标题栏，如图 10-7 所示，再用上述方法输出（窗口范围选择图框的左上角和右下角）。

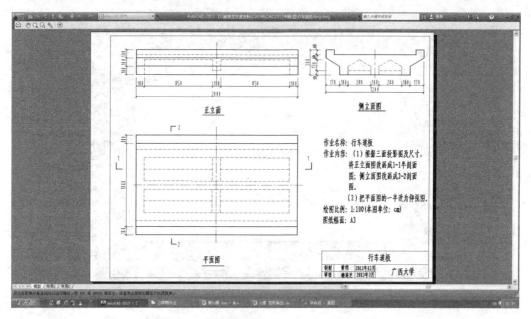

图 10-7　在模型空间画出 A3 图框及标题栏

10.3　布局空间打印输出

　　在模型空间中打印输出图形时，通常以实际比例 1:1 绘制图形，并用适当的比例创建文字、标注和其他注释，以在打印图形时正确显示大小。这种方法简单，但在同一幅图纸内有不同比例的图形时，输出图形会较麻烦，缩放部分图形需要按比例计算，尺寸标注中的测量比例因子也要调整，以实现不同比例的图形在同一幅图纸中输出。

　　布局相当于图纸空间环境，一个布局就是一张图纸，它提供了预置的打印页面设置。利用布局可以在一张图纸上方便、快捷地创建多个视口来显示不同的视图，且每个视图都可以有不同的缩放比例，但其他内容，如文字、尺寸数字和尺寸起止符号的大小等不需要重新设置，因而在布局中输出图形的最大优势在于不必进行繁琐的参数设置，不需要考虑尺寸的换算问题。

　　在布局空间中打印输出图形时，通常在模型空间按 1:1 的比例绘制图形，然后在图纸空间创建一个或多个布局视口，并对图形添加标注、说明、图框线和标题栏，以表示图纸。一个模型空间可以包含多个图纸空间，即一个【模型】选项卡，多个【布局】选项卡，每个布局对应于一张可打印的图纸，每个布局都可以包含不同的打印设置和图纸尺寸。

使用布局打印图形，典型的步骤如下：

（1）在【模型】选项卡上创建图形。

（2）切换到【布局】选项卡，指定布局页面设置，例如打印设备、图纸尺寸、打印区域、打印比例和图形方向。

（3）在布局中按规定尺寸画出标题栏、图框线（如 A2、A3），或者插入具有标题栏的图形样板。

（4）创建用于布局视口的新图层，然后创建布局视口并将其置于布局中。

（5）在每个布局视口中设置视图的方向、比例和图层可见性。

（6）根据需要在布局中添加标注和注释。

（7）关闭包含布局视口的图层。

（8）打印布局。

10.3.1　创建布局

通过【布局】按钮、【插入】菜单的【布局】子菜单和布局工具栏创建布局，如图 10-8 所示。

（a）【布局】按钮

（b）【布局】子菜单

（c）布局工具栏

图 10-8　创建布局

部分选项的含义如下。

◆ 新建布局：新建一个布局，但不做任何设置。默认情况下，每个模型允许创建 225 个布局。选择该选项后，将在命令行提示指定布局的名称，输入布局名称后即完成创建。

◆ 来自样板的布局：将图形样板中的布局插入到图形中，选择该选项后将弹出【从文件选择样板】对话框，默认为 AutoCAD 2013 安装目录下的 Template 子目录，如图 10-9 所示。在该对话框中选择要导入布局的样板文件后，将弹出【插入布局】对话框，如图 10-10 所示。该对话框将显示所选择样板文件中所包含的布局，选择一个布局后，单击 确定 按钮即可将布局插入。

◆ 页面设置管理器：引导用户进行布局打印前主要参数的设置，各个选项的含义与模型打印相同。

图 10-9 【从文件选择样板】对话框

图 10-10 【插入布局】对话框

10.3.2 在模型空间创建平铺视口

在模型空间中，可将绘图区域拆分成一个或多个相邻的矩形视图，称为平铺视口。在模型空间创建的视口充满整个绘图区域且相互之间不重叠，每个视口可单独进行缩放和平移操作，而不影响到其他视口的显示。在一个视口中对图形做出修改后，其他视口也会立即更新。

在模型中创建平铺视口需要在【视口】对话框中进行，如图 10-11 所示。

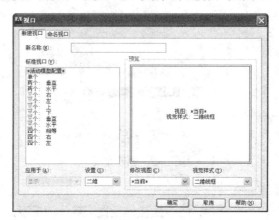

图 10-11 【视口】对话框（【新建视口】选项卡）

打开【视口】对话框可用以下 4 种方法。

方法一：在功能区，单击【视图】选项卡→【视口】面板→【新建】按钮 。

方法二：选择【视图】→【视口】→【新建视口】命令。

方法三：单击视口工具栏中显示【视口】对话框的 按钮，如图 10-12 所示。

方法四：运行 vports 命令。

图 10-12 视口工具栏

在【视口】对话框中,【新建视口】选项卡用来创建平铺视口,【命名视口】选项卡用来恢复保存的平铺视口。如果选择【新建视口】选项卡,可在【新名称】文本框中输入新建平铺视口的名称;如果不输入名称,则新建的视口配置只能应用而不保存。保存的视口将显示在【命名视口】选项卡的列表内。

◆ 【标准视口】列表框:列出了可用的平铺视口配置,选择其中一个后,将在预览区域显示所选视口配置的预览。

◆ 【应用于】下拉列表框:将平铺视口配置应用到整个显示窗口或当前视口,包括【显示】和【当前视口】两个选项。【显示】选项为默认设置,表示将视口配置应用到整个模型选项卡显示窗口;【当前视口】选项表示仅将视口配置应用到当前视口。

提示:如要将某视口设为当前视口,只需在视口上单击即可,当前视口将会有一个实线矩形框。

◆ 【设置】下拉列表框:指定二维或三维设置。

◆ 【修改视图】下拉列表框:用列表中选择的视图替换选定视口中的视图。

◆ 【视觉样式】下拉列表框:将视觉样式应用到视口。

【例 10-1】将模型窗口(如图 10-13(a)所示)分为 3 个视口,效果如图 10-13(b)所示。

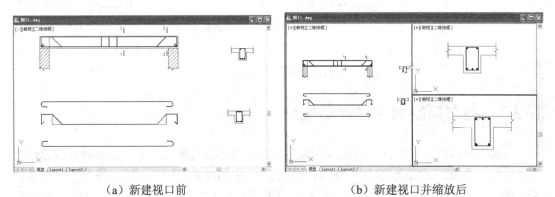

(a)新建视口前   (b)新建视口并缩放后

图 10-13 新建平铺视口实例

操作步骤如下:

(1)选择【视图】→【视口】→【新建视口】命令,弹出【视口】对话框修改各选项,如图 10-14 所示。

(2)新建平铺视口后,此时绘图窗口的显示如图 10-15 所示,以下对 3 个视口进行缩放操作使其显示。

(3)在左边视口内单击,使其为当前视口,选择【视图】→【缩放】→【全部】命令。

(4)在右上视口内单击,使其为当前视口,选择【视图】→【缩放】→【窗口】命令,然后按照图 10-16(a)所示指定缩放窗口。

(5)在右下视口内单击,使其为当前视口,选择【视图】→【缩放】→【窗口】命令,然后按照图 10-16（b）所示指定缩放窗口。完成操作，效果如图 10-13（b）所示。

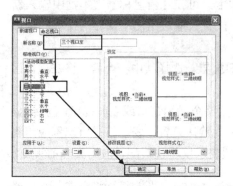

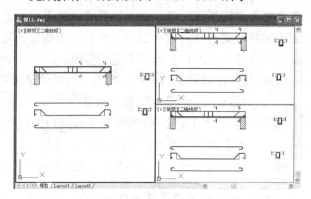

图 10-14　新建平铺视口过程　　　　　　　图 10-15　新建平铺视口后的显示

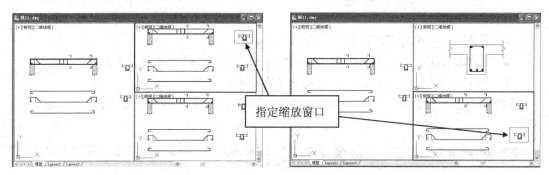

（a）缩放右上的视口　　　　　　　　　　（b）缩放右下的视口

图 10-16　对视口进行缩放操作

10.3.3　在布局空间创建浮动视口

在编辑布局时，可以将浮动视口视为图纸空间的图形对象，可通过夹点对其进行移动和调整大小等操作。图纸空间中无法编辑模型空间中的对象，如果要编辑模型，必须激活浮动视口，进入浮动模型空间。激活浮动视口的方法有多种，可执行 mspace 命令、单击状态栏上的【图纸】按钮或双击浮动视口区域中的任意位置。

1. 新建、删除和调整浮动视口

在布局中新建浮动视口的操作和在模型中新建平铺视口一样，只需切换到布局窗口即可。如图 10-17（a）所示是选择了 3 个视口【右(R)】选项后的效果。

在布局窗口中，浮动视口被视为对象。选择浮动视口的边框后，将显示其夹点，通过拉伸其夹点即可对视口的大小进行调整，如图 10-17（b）所示。如要删除浮动视口，可按照删除对象的方法即可，例如，选择视口后按 Delete 键。

🔔 提示：创建布局视口时一般将其创建在一个图层上，并将其打印特性设置为【不打印】或打印时关闭该图层。否则，将打印浮动视口的边框。

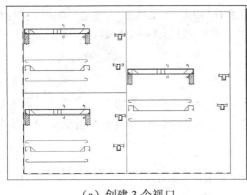
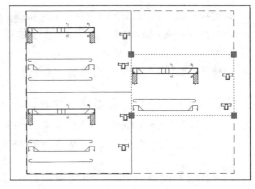

（a）创建 3 个视口 　　　　　　　　　　　（b）调整视口大小

图 10-17　浮动视口的创建与调整

2. 相对图纸空间比例缩放图形

如在布局中定义了多个视口，可对每个视口设置不同的缩放比例，以表达图纸的多个细部结构。要定义浮动视口的缩放比例，可选择该视口，单击视口工具栏右侧比例窗口，如图 10-18 所示，然后为该浮动视口选择缩放比例。

3. 创建非矩形的浮动视口

除了矩形的视口外，AutoCAD 2013 还支持创建多边形或其他形状的视口，这种不规则的视口只能在布局窗口，而不能在模型窗口创建。一般有以下两种方法创建非矩形视口。

方法一：选择【视图】→【视口】→【多边形视口】命令。

方法二：选择【视图】→【视口】→【将对象转换为视口】命令。

第一种方法，选择【多边形视口】命令后，命令提示与绘制多段线时相同，但最后如果多段线不闭合，系统会自动闭合，如图 10-19 所示。第二种方法，选择【将对象转换为视口】命令后，命令行提示如下。

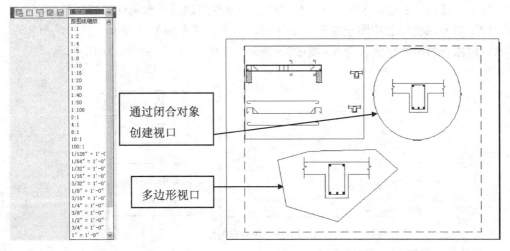

图 10-18　视口比例列表　　　　　　　图 10-19　多边形视口和对象视口

指定视口的角点或 [开(ON)/关(OFF)/布满(F)/着色打印(S)/锁定(L)/对象(O)/多边形(P)/恢复(R)/图层(LA)/2/3/4] <布满>:输入 "O" 选择【对象】选项，或直接用鼠标点选要转换为视口的对象，如图 10-19 所示

选择要剪切视口的对象:✓完成视口的创建

🔔 提示：（1）将闭合对象创建视口时，对象必须是闭合的，可以是闭合的多段线、圆、椭圆和样条曲线等。（2）对象必须是在图纸空间中绘制的。（3）在图纸空间，绘制和编辑图形的命令仍然是可用的。

【例 10-2】用 A3 图纸在布局窗口打印如图 10-20 所示的结构图。

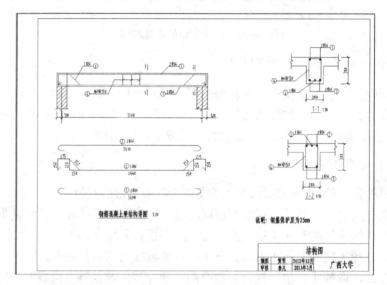

图 10-20　图形比例不同的结构图（在 A3 图纸上布图）

操作步骤如下：

（1）在【模型】选项卡上按 1:1 直接画好图形并创建用于布局视口的新图层。

（2）将布局视口的新图层置为当前图层，切换到【布局】选项卡（新布局命名为 A3 图纸或用原有的布局重命名为 A3 图纸），删除原有的视口，如图 10-21 所示。

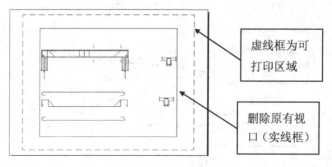

图 10-21　新建布局预览

（3）进入该布局的页面设置管理器设置有关参数，方法同模型空间打印设置相似，只

是【打印范围】设置为【布局】即可,如图 10-22 所示,同时通过该图示意步骤使打印区域与图纸大小一致。

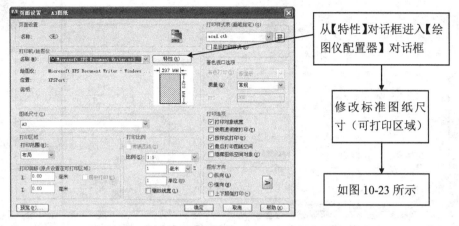

图 10-22 布局页面设置

(4) 重新创建 3 个视口 "左(L)",操作方法同图 10-14。按图形要求,对不同视口通过视口工具栏上的比例列表选择相应比例进行图形缩放(左侧视口为 1:20,右侧两个视口为

1:10),切换到【模型】选项,用【实时平移】工具调整图形位置,效果如图 10-24 所示。

(5) 在布局空间将图框线、标题栏画入布局中,或者插入已具有图框线、标题栏的图形样板(或图块)。

(6) 在布局空间添加尺寸标注和注释(图形比例虽然不同,但尺寸标注样式、文字样式相同且都按 1:1 直接标注)(注:也可以在模型空间中用相同的样式添加尺寸标注和注释,只要将尺寸标注样式和文字样式定义为注释性,分别按图形比例定义注释性比例为 1:20 和 1:10 即可),效果如图 10-25 所示。

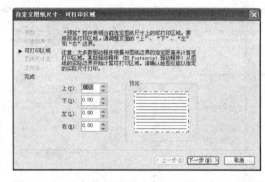

图 10-23 【自定义图纸尺寸可打印区域】对话框

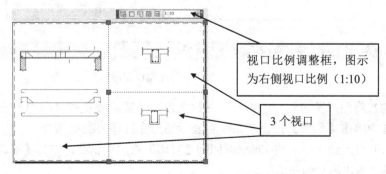

图 10-24 创建 3 个视口的 A3 图纸并按规定比例缩放图形

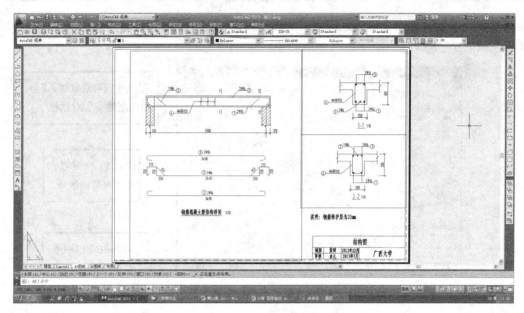

图 10-25 在布局中添加尺寸标注、注释、图框线和标题栏

（7）关闭包含布局视口的图层，效果如图 10-26 所示。

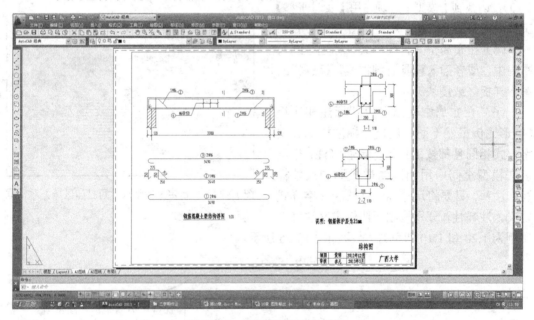

图 10-26 关闭视口图层的效果

（8）将图形发送到打印机或绘图仪之前，一般需要生成打印图形的预览。在【打印】对话框中单击【预览】按钮，系统将显示图形在打印时的确切外观。

（9）预览结束后，按 Enter 键回到【打印】布局对话框，单击【确定】按钮，就可以从打印机上输出满意的图形了。

第 11 章　实体模型的创建与编辑

用计算机绘制三维图形的技术称为三维几何造型。AutoCAD 可创建 3 类模型：线框模型、曲面模型和实体模型。

线框模型是由直线和曲线命令创建的轮廓模型，没有面和体的特征。既不能对其进行面积、体积、重心、转动惯量、惯性矩等的计算，也不能对其进行消隐、渲染等操作。

曲面模型是由曲面命令创建的无厚度的表面模型，具有面的特征。既可以对其进行面积计算，也可以对其进行消隐、着色、渲染等操作。曲面模型特别适合于构造复杂的曲面，如模具、发动机叶片、汽车、飞机等复杂零件的表面，以及地形、地貌、矿产资源、自然景物等。

实体模型不仅具有线、面的特征，而且还具有体的特征。我们可以直接了解它的体特征，如体积、重心、转动惯量、惯性矩等，也可以对它进行消隐、着色、渲染等操作。各实体之间还可以进行多种布尔运算，能够创建出形状复杂的组合体。

本章仅介绍实体模型的创建与编辑（不介绍线框模型和曲面模型）。

11.1　设置三维环境

11.1.1　创建视口

视口是用于绘制和显示图形的区域。默认情况下，AutoCAD 将整个绘图区作为一个视口，即仅显示一个视口。但在实际建模过程中，有时需从各个不同的视点观察模型的不同部分。为此，AutoCAD 为用户提供了视口分割功能，将默认的一个视口分割成多个视口，如图 11-1 所示，这样用户就可以从不同的方向观察三维模型的不同部分了。

1. 通过菜单分割视口

用户只需选择【视图】→【视口】级联菜单中的相关命令，即可以将当前视口分割为两个、3 个或多个视口。

2. 通过对话框分割视口

选择【视图】→【视口】→【新建视口】命令，或直接在命令行中输入"vports"并按 Enter 键，打开如图 11-2 所示的【视口】对话框。在此对话框中，用户不但能方便、直接地分割视口，还可以对分割视口的效果进行提前预览。

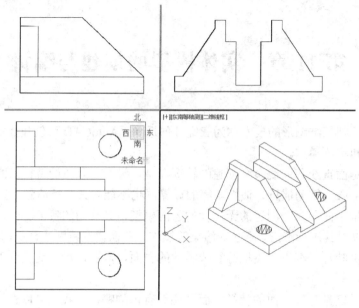

图 11-1　分割视口

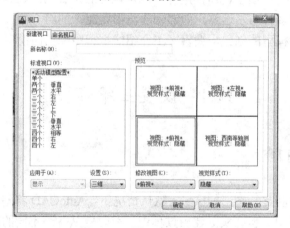

图 11-2　【视口】对话框

11.1.2　三维动态观察

AutoCAD 为用户提供了动态观察功能。使用该功能，可以方便、快捷地观察三维物体的任意部分。它包括"受约束动态观察"、"自由动态观察"、"连续动态观察" 3 种观察方式，下面对它们进行简要的介绍。

1. 受约束动态观察

选择【视图】→【动态观察】→【受约束动态观察】命令，或单击动态观察工具栏上的 按钮，都可以激活受约束动态观察功能。激活该功能后，需要按住鼠标左键进行拖动，以手动设置观察点，从而观察模型的不同侧面，如图 11-3 所示。

2．自由动态观察

选择【视图】→【动态观察】→【自由动态观察】命令，或单击动态观察工具栏上的  按钮，都可以激活自由动态观察功能。激活该功能后，绘图区中会出现如图 11-4 所示的圆形辅助框架，用户可以从多个方向自由地观察三维物体。

图 11-3　受约束动态观察　　　　　　　图 11-4　自由动态观察

3．连续动态观察

选择【视图】→【动态观察】→【连续动态观察】命令，或单击动态观察工具栏上的按钮，都可以激活连续动态观察功能。激活该功能后，用户可以连续动态观察三维物体的不同侧面，而不需要手动设置视点。

11.1.3　三维模型的显示

AutoCAD 提供了几种控制模型外观显示效果的功能。巧妙地运用这些着色功能，可以快速显示三维物体的逼真形态，对三维模型的效果显示有很大帮助。

执行【视觉样式】命令主要有以下几种方法。

方法一：选择【视图】→【视觉样式】命令，打开如图 11-5 所示的菜单，选择相应命令即可激活其相应的着色功能。

方法二：单击视觉样式工具栏上的各着色功能按钮，如图 11-6 所示。

图 11-5　视觉样式菜单　　　　　　　图 11-6　视觉样式工具栏

视觉样式菜单中各选项的含义如下。

◆　二维线框：显示用直线和曲线表示边界的对象。对象的线型和线宽均可见的，如图 11-7 所示。

- 线框：显示用直线和曲线表示边界的对象。
- 消隐：用于将三维对象观察不到的线隐藏起来，而只是显示那些位于前面无遮挡的线，如图 11-8 所示。
- 真实：使对象实现平面着色。它只对各多边形的面着色，不对面边界进行光滑处理，如图 11-9 所示。

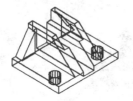  

图 11-7　二维线框　　　　　图 11-8　三维隐藏　　　　　图 11-9　真实

- 概念：使对象实现平面着色，它不仅可以对各多边形的面着色，还可以对面边界进行光滑处理，如图 11-10 所示。
- 着色：使对象实现平面着色，它不仅可以对各多边形的面着色，还可以对面边界进行光滑处理，着色对象的外观较平滑和真实。当对对象进行着色时，将显示应用到对象的材质，如图 11-11 所示。
- 带边缘着色：结合【着色】和【线框】命令。对象被平面着色，同时显示线框，如图 11-12 所示。

图 11-10　概念　　　　　图 11-11　着色　　　　　图 11-12　带边框平面着色

- 灰度：使用平滑着色和单灰度显示对象，如图 11-13 所示。
- 勾画：使用线延伸显示手绘效果的对象，如图 11-14 所示。
- X 射线：以局部透明度显示对象，如图 11-15 所示。

 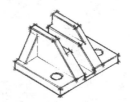 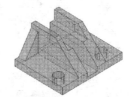

图 11-13　灰度　　　　　图 11-14　勾画　　　　　图 11-15　X 射线

11.1.4　三维坐标系统

坐标系及其切换是 AutoCAD 绘图中不可缺少的元素，在该界面上创建三维模型，其实就是在平面上创建三维图形，而视图方向的切换则是通过调整坐标位置和方向获得。因此，三维坐标系是确定三维对象位置的基本手段，是研究三维空间的基础。

1. UCS 的概念及特点

在 AutoCAD 中，坐标系包括世界坐标系（WCS）和用户坐标系（UCS）两种类型。世界坐标系是系统默认的二维图形坐标系，它的原点及各坐标轴的方向固定不变，因而不能满足三维建模的需要。

用户坐标系是通过变换坐标系原点及方向形成的，用户可根据需要随意更改坐标系原点及方向。其主要应用于三维模型的创建。

2. UCS 的建立

UCS 坐标系表示了当前坐标系的坐标轴方向和坐标原点的位置，也表示了相对于当前 UCS 的 XY 平面的视图方向。在三维建模环境中，它可以根据用户指定的不同方位来创建模型特征。

执行 UCS 命令主要有以下几种方法。

方法一：选择【工具】→【新建 UCS】命令。

方法二：单击 UCS 工具栏上的 UCS 按钮 。

方法三：在命令行中输入"UCS"命令，然后按 Enter 键。

如图 11-16 所示为 AutoCAD 中的 UCS 工具栏。

图 11-16　UCS 工具栏

UCS 工具栏中常用按钮的含义如下。

（1） （UCS）

单击该按钮，命令行操作如下。

> 指定 UCS 的原点或 [面(F)/命名(NA)/对象(OB)/上一个(P)/视图(V)/世界(W)/X/Y/Z/Z 轴(ZA)] <世界>:

该命令行中各选项与 UCS 工具栏中其他按钮相对应。

（2） （世界）

该按钮用于选择世界坐标系作为当前坐标系，用户可以从任何一种 UCS 坐标系下返回到世界坐标系。

（3） （上一个 UCS）

该按钮可以在当前任务中逐步返回最后 10 个 UCS 设置。

（4） （面 UCS）

该按钮用于使新用户坐标系的 XY 平面与所选实体的一个面重合。在模型中选取实体面或选取面的一个边界，此面被加亮显示，按 Enter 键使该面与新建 UCS 的 XY 平面重合，效果如图 11-17 所示。

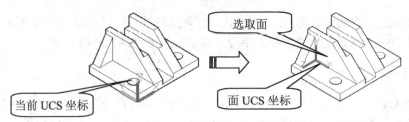

图 11-17 创建面 UCS 坐标

（5）⊾（对象）

该按钮通过选择一个对象，定义一个新的坐标系，坐标轴的方向取决于所选对象的类型。当选择一个对象时，新坐标系的原点将放置在创建该对象时定义的第一点上，X 轴的方向为从原点指向创建该对象时定义的第二点，Z 轴方向自动保持与 XY 平面垂直，如图 11-18 所示。

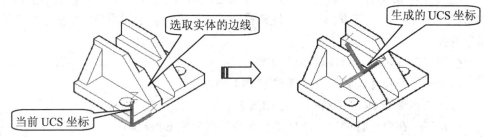

图 11-18 由选取对象生成 UCS 坐标

（6）⊾（视图）

该按钮可使新坐标系的 XY 平面与当前视图方向垂直，Z 轴与 XY 平面垂直，而原点保持不变。通常情况下，该工具主要用于标注文字，当文字需要与当前屏幕而非与对象平行时用此方式比较简单。

（7）⊿（原点）

该按钮是系统默认的 UCS 坐标的创建方法，主要用于修改当前用户坐标系的原点位置。通过移动原点来定义新的用户坐标系，如图 11-19 所示。

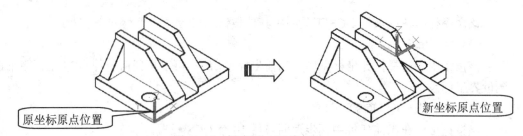

图 11-19 创建新 UCS 坐标

（8）⊿（Z 轴矢量）

该按钮是通过指定一点作为坐标原点，指定一个方向为 Z 轴的正方向，从而定义新的用户坐标系。此时，系统将根据 Z 轴方向自动设置 X 轴、Y 轴的方向，如图 11-20 所示。

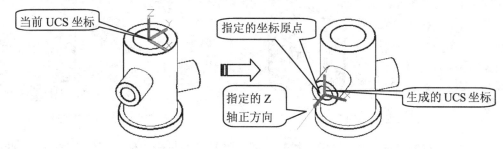

图 11-20　创建新 UCS 坐标

（9）

该方式是创建 UCS 坐标系最简单、最常用的一种方法，只需选取 3 点就可以确定新坐标系的原点、X 轴与 Y 轴的正向。指定的 3 点可以是原点、正 X 轴上的点和正 XY 平面上的点。当确定 X 轴与 Y 轴的方向后，Z 轴的方向将自动设置为与 XY 平面垂直，如图 11-21 所示。

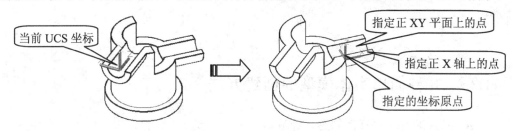

图 11-21　创建新 UCS 坐标

（10）![icon]/![icon]/![icon]（X/Y/Z 轴）

该方式是通过将当前 UCS 坐标系绕 X 轴、Y 轴或 Z 轴旋转一定的角度，从而生成新的用户坐标系。它可以通过指定两个点或输入一个角度值来确定所需要的角度。

11.2　创建和编辑实体模型

AutoCAD 提供了多种创建、编辑实体模型的命令。实体模型可以由基本实体命令创建，也可以由二维平面图形生成实体模型。用户可以编辑实体模型的指定面、指定边，还可以编辑实体模型中的体。对基本实体进行布尔运算可创建出复杂的实体模型。

11.2.1　掌握与实体建模相关的系统变量

在学习实体建模功能之前，简单介绍几个与实体显示相关的系统变量。

（1）ISOLINES：此变量用于设置实体表面网格线的数量。数值越大，网格线就越密，如图 11-22 所示。

（2）FACETRES：此变量用于设置实体渲染或消隐后的表面网格密度，变量取值范围为 0.01～11.00。数值越大，网格就越密，表面也越光滑，如图 11-23 所示。

图 11-22　ISOLINES　　　　　　　　　　图 11-23　FACETRES

（3）DISPSILH：此变量用于控制视图消隐时是否显示实体表面的网格线。当此变量取值为 0 时，显示网格线；取值为 1 时，不显示网格线，如图 11-24 所示。

图 11-24　DISPSILH

11.2.2　8 种简单实体模型的创建方法

AutoCAD 2013 可直接创建 8 种基本形体，即多段体、长方体、楔体、圆锥体、球体、圆柱体、圆环体、棱锥面，如图 11-25 所示。下面对 8 种基本形体的创建作简要介绍。

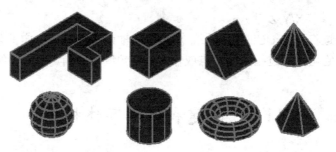

图 11-25　8 种基本形体

（1）多段体
该命令的功能是创建矩形轮廓的实体，也可以将现有直线、二维多线段、圆弧或圆转换为具有矩形轮廓的实体，类似建筑墙体，主要命令行提示如下。

命令: polysolid
指定起点或 [对象(O)/高度(H)/宽度(W)/对正(J)] <对象>:

其中，【高度】、【宽度】选项可以分别指定实体的高度和宽度；【对正】选项可以选择实体的对正方式；【对象】选项可以将现有的直线、二维多线段、圆弧或圆转换为实体。
（2）长方体
该命令的功能是创建长方体实体，主要命令行提示如下。

```
命令: box
指定第一个角点或 [中心(C)]:
指定其他角点或 [立方体(C)/长度(L)]:
指定高度或 [两点(2P)]: <30.0000>:
```

该命令可通过指定空间长方体两对角点的位置来创建长方体实体，在选取命令的不同选项后，根据相应提示进行操作或输入数值即可。应当注意的是，该命令创建的实体边或长、宽、高方向均与当前 UCS 的 X、Y、Z 轴平行。输入数值为正，则沿着坐标轴正方向创建实体，输入数值为负，则沿着坐标轴的负方向创建实体，尖括号内的值是上次创建长方体时输入的高度。

（3）楔体

该命令的功能是创建楔体实体，主要命令行提示如下。

```
命令: wedge
指定第一个角点或 [中心(C)]:
指定其他角点或 [立方体(C)/长度(L)]:
指定高度或 [两点(2P)] <200>:
```

创建楔体命令和创建长方体命令的操作方法类似，只是创建出来的对象不同，指定高度时尖括号内的值是上次创建楔体时输入的高度。

（4）圆锥体

该命令的功能是创建圆锥体或椭圆形锥体实体，主要命令行提示如下。

```
命令: cone
指定底面的中心点或 [三点(3P)/两点(2P)/切点、切点、半径(T)/椭圆(E)]:
指定底面半径或 [直径(D)] <50>:
指定高度或 [两点(2P)/轴端点(A)/顶面半径(T)] <100>:
```

创建圆锥体需要先在 XOY 平面中绘制出圆或椭圆，然后给出高度。指定半径时，尖括号内的值是上次创建圆锥体时输入的半径；指定高度时，尖括号内的值是上次创建圆锥体时输入的高度。

（5）球体

该命令的功能是创建球体实体，主要命令行提示如下。

```
命令: sphete
指定中心点或 [三点(3P)/两点(2P)/切点、切点、半径(T)]:
指定半径或 [直径(D)] <150>:
```

系统变量 ISOLINES 的大小反映了每个面上的网格线段，这只是显示上的设置，在 AutoCAD 中保存的是一个真正几何意义上的球体，并非网格线。按提示输入半径或直径就可以生成球体，指定半径时尖括号内的值是上次创建球体时输入的半径。

（6）圆柱体

该命令的功能是创建圆柱体或椭圆柱体实体，主要命令行提示如下。

命令: cylinde
指定底面的中心点或 [三点(3P)/两点(2P)/切点、切点、半径(T)/椭圆(E)]:
指定底面半径或 [直径(D)] <100>:
指定高度或 [两点(2P)/轴端点(A)] <150>:

　　创建圆柱体需要先在 XOY 平面中绘制出圆或椭圆，然后给出高度或另一个圆心。指定半径时，尖括号内的值是上次创建圆柱体时输入的半径；指定高度时，尖括号内的值是上次创建圆柱体时输入的高度。
　　（7）圆环体◎
　　该命令的主要功能是创建圆环形实体，主要命令行提示如下。

命令: torus
指定中心点或 [三点(3P)/两点(2P)/切点、切点、半径(T)]:
指定半径或 [直径(D)] <111>:
指定圆管半径或 [两点(2P)/直径(D)] <25>:

　　创建圆环体首先需要指定整个圆环的尺寸，然后再指定圆管的尺寸。指定半径时，尖括号内的值是上次创建圆环体时输入的半径；指定圆管半径时，尖括号内的值是上次创建圆环体时输入的圆管半径。
　　（8）棱锥面◇
　　该命令的主要功能是创建实体棱锥体。创建时可以定义棱锥体的侧面数，主要命令行提示如下。

命令: pyramid
4 个侧面　外切
指定底面的中心点或 [边(E)/侧面(S)]: s
输入侧面数 <4>: 6
指定底面的中心点或 [边(E)/侧面(S)]: e
指定边的第一个端点:
指定边的第二个端点:
指定高度或 [两点(2P)/轴端点(A)/顶面半径(T)] <150>:

　　创建棱锥体命令操作的前面部分类似创建二维的正多边形（polygon 命令）的操作，不同的是，完成多边形创建后还需要指定棱锥面的高度，指定高度时尖括号内的值是上次创建棱锥面时输入的高度。

11.2.3　利用二维图形创建实体模型的方法

　　在 AutoCAD 中，不仅可以直接创建 8 种简单的基本形体，还可以利用二维图形创建复杂实体，有拉伸、旋转、扫掠、放样、按住并拖动 5 种方式，下面分别对它们作简要介绍。
　　（1）拉伸
　　使用【拉伸】命令可将二维图形沿指定的高度或路径拉伸为实体，是工程中创建复杂实体模型最常用的一种方法。用于拉伸的二维对象应该是封闭的，系统默认的拉伸路径是直线，但也可选择按曲线路径拉伸，路径可以封闭，也可以不封闭。如图 11-26 所示为使用该命令按曲线路径拉伸的图例说明。

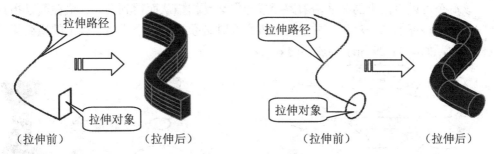

图 11-26　曲线路径拉伸的图例

执行【拉伸】命令的方法如下。

方法一：在菜单栏中选择【绘图】→【建模】→【拉伸】命令。

方法二：单击建模工具栏上的【拉伸】按钮 。

方法三：在命令行中输入"extrude"（或 EX）命令，然后按 Enter 键。

（2）旋转

该命令的主要功能是由二维平面图形绕空间轴旋转来创建实体。在创建实体时，用于旋转的二维对象可以是封闭的多段线、多边形、圆、椭圆、封闭的样条曲线及封闭区域。

执行【旋转】命令的方法如下。

方法一：在菜单栏中选择【绘图】→【建模】→【旋转】命令。

方法二：单击建模工具栏上的【旋转】按钮 。

方法三：在命令行中输入"revolve"命令，然后按 Enter 键。

执行【旋转】命令时一定要注意，旋转截面不能横跨旋转轴两侧，如图 11-27 所示为旋转 270° 的效果。

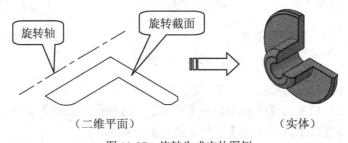

图 11-27　旋转生成实体图例

（3）扫掠

该命令可以将扫掠对象沿着开放或闭合的二维或三维路径运动扫描，来创建实体或曲面，如图 11-28 所示为扫掠的效果。

执行【扫掠】命令的方法如下。

方法一：在菜单栏中选择【绘图】→【建模】→【扫掠】命令。

方法二：单击建模工具栏上的【扫掠】按钮🖫。

方法三：在命令行中输入"sweep"命令，然后按 Enter 键。

（4）放样

该命令可以将指定的截面沿着路径或导向运动扫描从而得到实体。横截面是指具有放样实体截面特征的二维对象，并且使用该命令时必须指定两个或两个以上的横截面来创建放样实体，如图 11-29 所示为放样的效果。

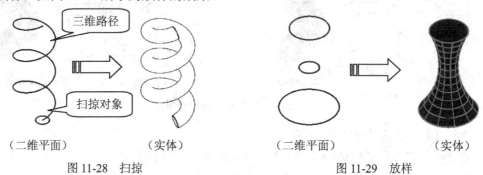

图 11-28　扫掠　　　　　　　　　　　　　图 11-29　放样

执行【放样】命令的方法如下。

方法一：在菜单栏中选择【绘图】→【建模】→【放样】命令。

方法二：单击建模工具栏上的【放样】按钮🖫。

方法三：在命令行中输入"loft"命令，然后按 Enter 键。

（5）按住并拖动

该命令可以拖动边界区域拉伸实体，如图 11-30 所示。

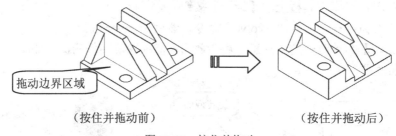

图 11-30　按住并拖动

执行【按住并拖动】命令的方法如下。

方法一：在菜单栏中选择【绘图】→【建模】→【按住并拖动】命令。

方法二：单击建模工具栏上的【按住并拖动】按钮🖫。

方法三：在命令行中输入"presspull"命令，然后按 Enter 键。

11.2.4　布尔运算

布尔运算是一种用来确定多个实体或面域之间组合关系的操作，通过它可将多个实体组合为一个整体，从而创建出复杂的或特殊的造型。

1. 并集运算

并集运算是将两个或两个以上的实体（面域）对象组合成一个新的组合对象。调用并集操作后，原来各实体互相重合的部分变为一体，使其成为无重合的实体，效果如图 11-31 所示。

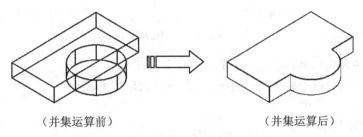

（并集运算前）　　　　　　　　　　　　　（并集运算后）

图 11-31　并集运算

执行【并集】命令的方法如下。

方法一：在菜单栏中选择【修改】→【实体编辑】→【并集】命令。

方法二：单击实体编辑工具栏上的【并集】按钮 ⑩ 。

方法三：在命令行中输入"union"命令，然后按 Enter 键。

操作时比较简单，只要将要合并的实体对象一一选中即可。

2. 差集运算

差集运算是将一个对象减去另一个对象从而形成新的组合体。与并集操作不同的是，首先选取的对象为被剪切对象，之后选取的对象则为剪切对象，效果如图 11-32 所示。

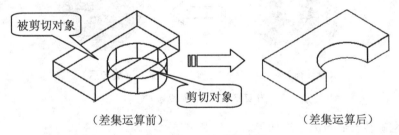

（差集运算前）　　　　　　　　　　　　　（差集运算后）

图 11-32　差集运算

执行【差集】命令的方法如下。

方法一：在菜单栏中选择【修改】→【实体编辑】→【差集】命令。

方法二：单击实体编辑工具栏上的【差集】按钮 ⑩ 。

方法三：在命令行中输入"subtract"命令，然后按 Enter 键。

3. 交集运算

交集运算可得到相交实体的公共部分，从而获得新的实体，效果如图 11-33 所示。

执行【交集】命令的方法如下。

方法一：在菜单栏中选择【修改】→【实体编辑】→【交集】命令。

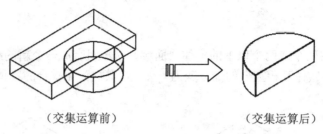

（交集运算前） （交集运算后）

图 11-33　交集运算

方法二：单击实体编辑工具栏上的【交集】按钮 ⑩。

方法三：在命令行中输入"intersect"命令，然后按 Enter 键。

11.2.5　编辑实体

AutoCAD 提供了专业的三维对象编辑工具，如三维旋转、三维阵列、三维镜像和三维对齐等命令，从而为创建更加复杂的实体模型提供了条件。

1. 三维旋转

使用该命令，可以将选择的三维模型按照指定的旋转轴在三维操作空间进行旋转。执行此命令后，提示指定旋转基点，指定基点后坐标轴也有所变化，如图 11-34 所示（绕 Y 轴逆时针转 90°）。

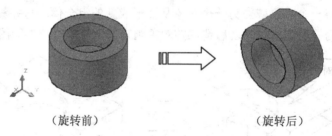

（旋转前） （旋转后）

图 11-34　三维旋转

执行【三维旋转】命令的方法如下。

方法一：在菜单栏中选择【修改】→【三维操作】→【三维旋转】命令。

方法二：单击建模工具栏上的【三维旋转】按钮 ⑩。

方法三：在命令行中输入"3drotate"命令，然后按 Enter 键。

2. 三维阵列

用于创建实体模型三维阵列。此命令与【二维阵列】命令类似，只是多了一个 Z 轴高度方向的阵列层数，如图 11-35 所示（其中行间距为-40、列间距为 30、层间距为-8）。

执行【三维阵列】命令的方法如下。

方法一：在菜单栏中选择【修改】→【三维操作】→【三维阵列】命令。

方法二：单击建模工具栏上的【三维阵列】按钮 ⊞。

　　方法三：在命令行中输入"3darray"命令，然后按 Enter 键。

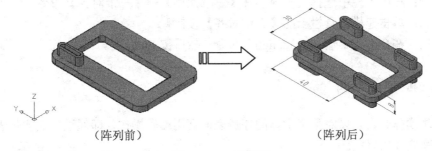

（阵列前）　　　　　　　　　　　（阵列后）

图 11-35　三维阵列

3. 三维镜像

　　用于创建对称于选定平面的三维镜像模型。此命令与【二维镜像】命令类似，只不过不是选择镜像对称线，而是选择镜像对称面，如图 11-36 所示。

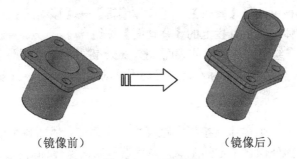

（镜像前）　　　　　　　　　　　（镜像后）

图 11-36　三维镜像

执行【三维镜像】命令的方法如下。

方法一：在菜单栏中选择【修改】→【三维操作】→【三维镜像】命令。

方法二：在命令行中输入"mirror3d"命令，然后按 Enter 键。

4. 三维对齐

　　用于将两个三维对象在三维操作空间中进行对齐。此命令是以源平面和目标平面对齐的形式将两个实体对齐，可以为源对象指定一个、两个或 3 个点，然后可以为目标指定一个、两个或 3 个点，如图 11-37 所示。

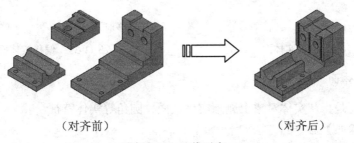

（对齐前）　　　　　　　　　　　（对齐后）

图 11-37　三维对齐

执行【三维对齐】命令的方法如下。

方法一：在菜单栏中选择【修改】→【三维操作】→【三维对齐】命令。

方法二：单击建模工具栏上的【三维对齐】按钮 。

方法三：在命令行中输入"3dalign"命令，然后按 Enter 键。

11.2.6　编辑实体面

在编辑实体时，可以对整个实体的任意表面调用编辑操作，即通过改变实体表面，从而达到改变实体的目的。

1．移动实体面

移动实体面是指沿指定高度或距离移动选定实体对象的一个或多个面。移动时，只移动选定的实体面而不改变方向。

执行【移动面】命令的方法如下。

方法一：在菜单栏中选择【修改】→【实体编辑】→【移动面】命令。

方法二：单击实体编辑工具栏上的【移动面】按钮 。

执行该命令后，在绘图区选取实体表面，按 Enter 键并右击捕捉移动实体面的基点，指定移动路径或距离值，然后单击鼠标右键即可调用移动实体面操作，其效果如图 11-38 所示。

2．偏移实体面

偏移实体面是指在一个实体上按指定距离均匀地偏移实体面。可根据设计需要将现有面从原始位置向内或向外偏移指定的距离，从而获取新的实体面。

执行【偏移面】命令的方法如下。

方法一：在菜单栏中选择【修改】→【实体编辑】→【偏移面】命令。

方法二：单击实体编辑工具栏上的【偏移面】按钮 。

执行该命令后，在绘图区选取要偏移的面，输入偏移距离并按 Enter 键即可，效果如图 11-39 所示。

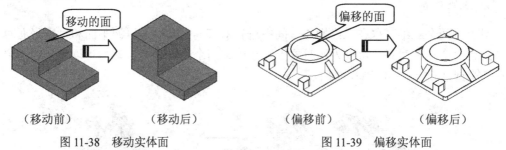

（移动前）　　　　（移动后）	（偏移前）　　　　（偏移后）
图 11-38　移动实体面	图 11-39　偏移实体面

3．删除实体面

删除实体面是指从实体对象上删除实体表面、圆角等实体特征。

执行【删除面】命令的方法如下。

方法一：在菜单栏中选择【修改】→【实体编辑】→【删除面】命令。

方法二：单击实体编辑工具栏上的【删除面】按钮 。

执行该命令后，在绘图区选取要删除的面，按 Enter 键即可调用实体面删除操作，效果如图 11-40 所示。

4. 旋转实体面

旋转实体面是指将实体对象上的单个或多个表面绕指定的轴旋转，或者使旋转实体的某些部分形成新的实体。

执行【旋转面】命令的方法如下。

方法一：在菜单栏中选择【修改】→【实体编辑】→【旋转面】命令。

方法二：单击实体编辑工具栏上的【旋转面】按钮 。

执行该命令后，选取需要旋转的实体面，捕捉两点为旋转轴，指定旋转角度并按 Enter 键，即可完成旋转操作，效果如图 11-41 所示。

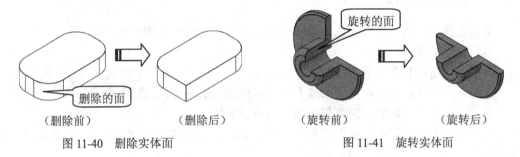

（删除前）　　　　　（删除后）　　　　　　　（旋转前）　　　　　　（旋转后）

图 11-40　删除实体面　　　　　　　　　　　　图 11-41　旋转实体面

5. 倾斜实体面

在编辑实体面时，可利用倾斜实体面工具将孔、槽等特征沿着矢量方向并按指定的特定角度进行倾斜操作，从而获取新的实体。

执行【倾斜面】命令的方法如下。

方法一：在菜单栏中选择【修改】→【实体编辑】→【倾斜面】命令。

方法二：单击实体编辑工具栏上的【倾斜面】按钮 i。

执行该命令后，在绘图区选取需要倾斜的曲面，并指定其参照轴线基点和另一个端点，输入倾斜角度，按 Enter 键即可完成倾斜实体面操作，其效果如图 11-42 所示。

6. 拉伸实体面

在编辑实体面时，可使用拉伸实体面工具直接选取实体表面调用拉伸操作，从而获取新的实体。

执行【拉伸面】命令的方法如下。

方法一：在菜单栏中选择【修改】→【实体编辑】→【拉伸面】命令。

方法二：单击实体编辑工具栏上的【拉伸面】按钮 。

执行该命令后，在绘图区选取需要拉伸的面，并指定拉伸路径或输入拉伸距离，按 Enter 键即可完成拉伸实体面的操作，其效果如图 11-43 所示。

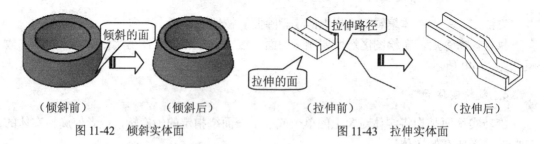

（倾斜前）　　　　（倾斜后）　　　　　　　（拉伸前）　　　　　（拉伸后）

图 11-42　倾斜实体面　　　　　　　　图 11-43　拉伸实体面

11.2.7　实体的高级编辑

在编辑实体时，不仅可以对实体上单个表面调用编辑操作，还可以对整个实体调用编辑操作。

1. 创建倒角和圆角

倒角和圆角工具不仅能够在二维环境中使用，在三维环境中同样可以使用。

（1）三维倒角

执行【倒角边】命令的方法如下。

方法一：在菜单栏中选择【修改】→【实体编辑】→【倒角边】命令。

方法二：单击实体编辑工具栏上的【倒角边】按钮◎。

由于存在倒角距离不一致的可能性，所以倒角时首先要选择倒角的基面，然后给出倒角的两个距离，效果如图 11-44 所示。

（2）三维圆角

执行【圆角边】命令的方法如下。

方法一：在菜单栏中选择【修改】→【实体编辑】→【圆角边】命令。

方法二：单击实体编辑工具栏上的【圆角边】按钮◎。

圆角相对倒角要简单，首先要选择圆角的棱边，然后给出圆角的半径，效果如图 11-45 所示。

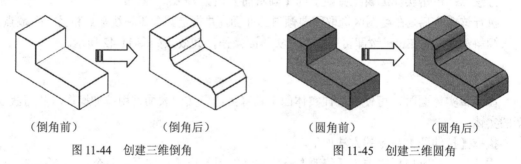

（倒角前）　　　　（倒角后）　　　　　　（圆角前）　　　　（圆角后）

图 11-44　创建三维倒角　　　　　　　图 11-45　创建三维圆角

2. 抽壳实体

【抽壳】命令可使实体以指定的厚度形成一个空的薄层，同时还允许将某些指定面排除在壳外。指定正值从圆周外开始抽壳，指定负值从圆周内开始抽壳。

执行【抽壳】命令的方法如下。

方法一：在菜单栏中选择【修改】→【实体编辑】→【抽壳】命令。

方法二：单击实体编辑工具栏上的【抽壳】按钮 ⬚。

执行该命令时，可根据设计需要保留所有面（即中空实体）或删除某些面。如图 11-46 所示为抽壳时删除前面和后面的效果。

3. 剖切实体

在绘图过程中，为了表现实体内部的结构特征，可假想一个与指定对象相交的平面或曲面剖切该实体从而创建新的对象。而剖切平面可根据设计需要通过指定点、选择曲面或平面对象来定义。

执行【剖切】命令的方法如下。

方法一：在菜单栏中选择【修改】→【三维操作】→【剖切】命令。

方法二：在命令行中输入 "slice" 命令，然后按 Enter 键。

调用该命令后，就可以通过剖切现有的实体来创建新的实体。作为剖切平面的对象可以是曲面、圆、椭圆、圆弧或椭圆弧、二维样条曲线和二维多段线。在剖切实体时，可以保留剖切实体的一半或全部，如图 11-47 所示（保留一半）。

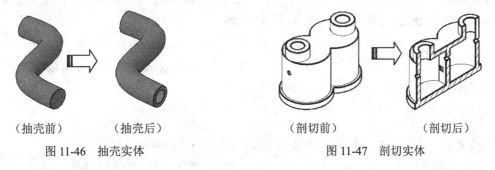

（抽壳前）　　　　（抽壳后）

图 11-46　抽壳实体

（剖切前）　　　　（剖切后）

图 11-47　剖切实体

11.2.8　综合实例 1——创建涵洞口模型

本例通过如图 11-48 所示的涵洞口的三投影图,绘制如图 11-49 所示的涵洞口的立体模型图,对 AutoCAD 的三维建模及三维操作功能进行综合练习和综合巩固。

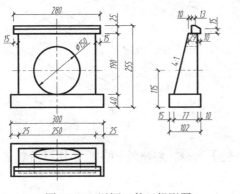

图 11-48　涵洞口的三投影图

图 11-49　涵洞口立体图

操作步骤如下：

（1）新建空白文件。

（2）将视图切换为西南视图。

（3）将当前线框密度 isolines 设置为 8。

（4）选择【绘图】→【建模】→【长方体】命令，创建长方体模型。命令行操作如下，创建效果如图 11-50 所示。

命令：_box	
指定第一个角点或 [中心(C)]:	//输入"0,0"并按 Enter 键
指定其他角点或 [立方体(C)/长度(L)]:	//输入"L"并按 Enter 键
指定长度：	//输入"300"并按 Enter 键
指定宽度：	//输入"102"并按 Enter 键
指定高度或 [两点(2P)]:	//输入"40"并按 Enter 键

（5）选择【工具】→【新建 UCS】→【Z 轴矢量】命令，选择 UCS 的原点不变，指定原 UCS 的 X 轴正方向为新 UCS 的 Z 轴的正方向，创建新的 UCS。选择【绘图】→【多段线】命令，在 XY 平面绘制一个下底长 77、上底长 29、高 190 的直角梯形，命令行操作如下，然后将其创建成面域，效果如图 11-51 所示。

命令：_pline	
指定起点：	//输入"87,40,25"并按 Enter 键
当前线宽为 0.0000	
指定下一个点或 [圆弧(A)/半宽(H)/长度(L)/放弃(U)/宽度(W)]:	
	//输入"77"并按 Enter 键
指定下一点或 [圆弧(A)/闭合(C)/半宽(H)/长度(L)/放弃(U)/宽度(W)]:	
	//输入"190"并按 Enter 键
指定下一点或 [圆弧(A)/闭合(C)/半宽(H)/长度(L)/放弃(U)/宽度(W)]:	
	//输入"29"并按 Enter 键
指定下一点或 [圆弧(A)/闭合(C)/半宽(H)/长度(L)/放弃(U)/宽度(W)]:	
	//输入"c"并按 Enter 键

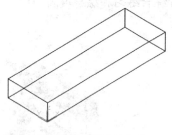

图 11-50　创建长方体

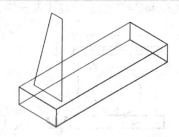

图 11-51　创建直角梯形

（6）选择【绘图】→【建模】→【拉伸】命令，将刚绘制的直角梯形沿着 Z 轴正方向拉伸 250，效果如图 11-52 所示。

（7）选择【绘图】→【多段线】命令，在 XY 平面绘制一个前边高 15、下底长 29、后边高 25、上底长 13 的五边形，命令行操作如下，然后将其创建成面域，效果如图 11-53 所示。

```
命令: _pline
指定起点:                                        //输入"0,245,10"并按 Enter 键
指定下一个点或 [圆弧(A)/半宽(H)/长度(L)/放弃(U)/宽度(W)]:
                                                 //输入"15"并按 Enter 键
指定下一点或 [圆弧(A)/闭合(C)/半宽(H)/长度(L)/放弃(U)/宽度(W)]:
                                                 //输入"29"并按 Enter 键
指定下一点或 [圆弧(A)/闭合(C)/半宽(H)/长度(L)/放弃(U)/宽度(W)]:
                                                 //输入"25"并按 Enter 键
指定下一点或 [圆弧(A)/闭合(C)/半宽(H)/长度(L)/放弃(U)/宽度(W)]:
                                                 //输入"13"并按 Enter 键
指定下一点或 [圆弧(A)/闭合(C)/半宽(H)/长度(L)/放弃(U)/宽度(W)]:
                                                 //输入"c"并按 Enter 键
```

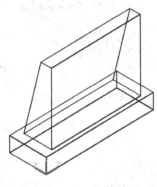

图 11-52　拉伸效果

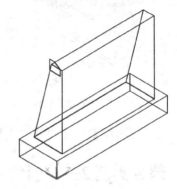

图 11-53　创建五边形

（8）选择【绘图】→【建模】→【拉伸】命令，将刚绘制的五边形沿着 Z 轴正方向拉伸 280，并对创建的上、中、下三部分形体进行并集处理，效果如图 11-54 所示。

（9）将 UCS 坐标绕 Y 轴旋转 90°，然后选择【工具】→【新建 UCS】→【原点】命令，打开中点捕捉功能，捕捉中部形体底部的中点为坐标的新原点，效果如图 11-55 所示。

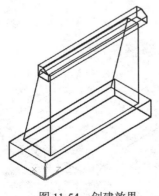

图 11-54　创建效果

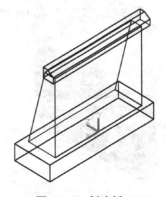

图 11-55　创建新 UCS

（10）选择【绘图】→【建模】→【圆柱体】命令，创建圆柱体模型。命令行操作如下，创建效果如图 11-56 所示。

```
命令: _cylinder
指定底面的中心点或 [三点(3P)/两点(2P)/切点、切点、半径(T)/椭圆(E)]:
                              //输入 "0,75,0" 并按 Enter 键
指定底面半径或 [直径(D)]:        //输入 "75" 并按 Enter 键
指定高度或 [两点(2P)/轴端点(A)]:  //输入 "77" 并按 Enter 键
```

（11）选择【修改】→【实体编辑】→【差集】命令，先选择组合体，按 Enter 键，再选择刚创建的圆柱体，将它从组合体中减去，效果如图 11-57 所示。

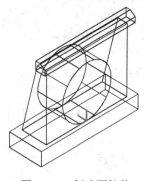
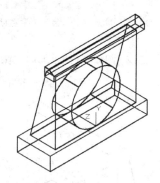

图 11-56　创建圆柱体　　　　　　　　　图 11-57　差集效果

（12）选择【视图】→【视图样式】→【概念】命令，最终效果如图 11-49 所示。

11.2.9　综合实例 2——创建陈列架立体模型

本例通过制作如图 11-58 所示的陈列架立体造型，对 AutoCAD 的三维建模和三维操作功能进行综合练习和综合巩固。

操作步骤：

（1）新建空白文件，并将视图切换为西南视图。

（2）综合使用【矩形】和【圆弧】等命令，绘制如图 11-59 所示的图形，其中矩形长度为 300 个绘图单位，宽度为 400 个绘图单位。

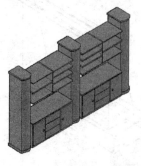
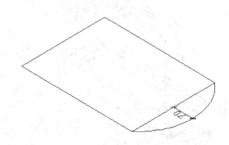

图 11-58　陈列架立体造型　　　　　　　图 11-59　绘制结果

（3）以圆弧作为边界，将矩形修剪成如图 11-60 所示的状态，并将修剪后的图线编辑成一条闭合的多段线。

（4）选择【修改】→【偏移】命令，将多段线向内侧偏移 15 个绘图单位，效果如图 11-61 所示。

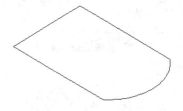

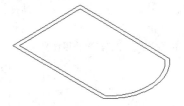

图 11-60   修剪效果图   图 11-61   偏移效果

（5）将外侧的闭合多段线沿 Z 轴正方向复制 1800 个绘图单位。

（6）执行简写命令 EXT 激活【偏移】命令，将外侧的外边界沿 Z 轴负方向拉伸 50 个绘图单位，将下侧的内边界沿 Z 轴正方向拉伸 1800 个绘图单位，效果如图 11-62 所示。

（7）重复执行【拉伸】命令，将上侧多段线边界沿 Z 轴正方向拉伸 25 个绘图单位，效果如图 11-63 所示。

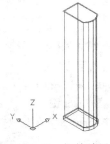

图 11-62   拉伸结果   图 11-63   拉伸结果

（8）单击建模工具栏上的 按钮，创建长度为 1200、宽度为 450、高度为 600 个绘图单位的长方体。命令行操作如下。

命令：_box
指定第一个角点或 [中心(C)]:   //捕捉如图 11-64 所示的端点
指定其他角点或 [立方体(C)/长度(L)]://输入"@1200,-450,600"并按 Enter 键，效果如图 11-65 所示

图 11-64   捕捉端点   图 11-65   创建结果

（9）重复执行【长方体】命令，配合捕捉自功能，创建长度为 350、宽度为 20、高度为 530 个绘图单位的长方体。命令行操作如下。

```
命令: _box
指定第一个角点或 [中心(C)]:          //激活捕捉自功能
_from 基点:                         //捕捉长方体的左下角点
<偏移>:                            //输入 "@11,0,50" 并按 Enter 键
指定其他角点或 [立方体(C)/长度(L)]://输入 "@350,-20,530" 并按 Enter 键，效果如图 11-66 所示
```

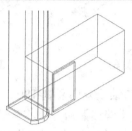

图 11-66   创建效果

（10）将当前世界坐标系绕 X 轴旋转 90°，然后选择【绘图】→【建模】→【圆柱体】命令，创建柱体拉手。命令行操作如下。

```
命令: _cylinder
指定底面的中心点或 [三点(3P)/两点(2P)/切点、切点、半径(T)/椭圆(E)]:   //激活捕捉自功能
_from 基点:                          //捕捉如图 11-67 所示的中点
<偏移>:                             //输入 "@-50,0,0" 并按 Enter 键
指定底面半径或 [直径(D)]: <25.00>    //输入 "150" 并按 Enter 键
指定高度或 [两点(2P)/轴端点(A)]: <150.00>//输入 "20" 并按 Enter 键，创建效果如图 11-68 所示
```

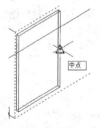
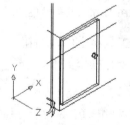

图 11-67   捕捉端点   图 11-68   创建效果

（11）单击建模工具栏上的 □ 按钮，激活【长方体】命令，创建长度为 440、宽度为 170、高度为 20 个绘图单位的长方体。命令行操作如下。

```
命令: _box
指定第一个角点或 [中心(C)]:          //激活捕捉自功能
_from 基点:                         //捕捉如图 11-69 所示的端点
<偏移>:                            //输入 "@20,0,0" 并按 Enter 键
指定其他角点或 [立方体(C)/长度(L)]:  //输入 "@440,170,-20" 并按 Enter 键，效果如图 11-70 所示
```

（12）将当前用户坐标系绕 X 轴旋转-90°，恢复为世界坐标系，然后选择【修改】→【三维操作】→【三维阵列】命令，对刚创建的长方体进行阵列。命令行操作如下。

```
命令: _3darray
选择对象:                              //选择刚创建的长方体
输入阵列类型 [矩形(R)/环形(P)] <矩形>:   //按 Enter 键
输入行数 (---) <1>:                    //按 Enter 键
输入列数 (|||) <1>:                    //按 Enter 键
输入层数 (...) <1>:                    //输入 "3" 并按 Enter 键
指定层间距 (...):                      //输入 "180" 并按 Enter 键，阵列效果如图 11-71 所示
```

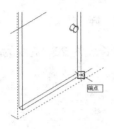
图 11-69　捕捉端点

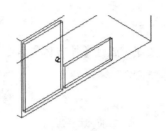
图 11-70　创建效果

图 11-71　阵列效果

（13）选择【修改】→【三维操作】→【三维镜像】命令，对左侧的实体进行镜像操作。命令行操作如下。

```
命令: _mirror3d
选择对象:                              //选择如图 11-72 所示的对象
选择对象:                              //按 Enter 键
指定镜像平面 (三点) 的第一个点或[对象(O)/最近的(L)/Z 轴(Z)/视图(V)/XY 平面(XY)/YZ 平面
(YZ)/ZX 平面(ZX)/三点(3)] <三点>:      //输入 "YZ" 并按 Enter 键
指定 YZ 平面上的点 <0,0,0>:            //捕捉如图 11-73 所示的中点
是否删除源对象? [是(Y)/否(N)] <否>     //按 Enter 键，镜像效果如图 11-74 所示
```

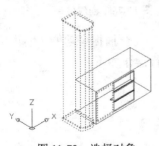
图 11-72　选择对象

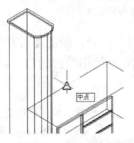
图 11-73　捕捉中点

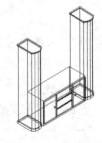
图 11-74　镜像效果

（14）单击建模工具栏上的▢按钮，激活【长方体】命令，创建长度为 1200、宽度为 470、高度为 20 个绘图单位的长方体。命令行操作如下。

```
命令: _box
指定第一个角点或 [中心(C)]:            //捕捉如图 11-75 所示的端点
指定其他角点或 [立方体(C)/长度(L)]:     //输入 "@1200,-470,20" 并按 Enter 键
```

（15）选择【修改】→【三维操作】→【三维阵列】命令，将刚创建的长方体阵列为 3 层，层间距为 520 个绘图单位，阵列效果如图 11-76 所示。

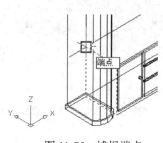 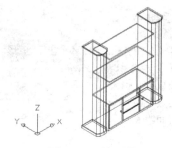

图 11-75　捕捉端点　　　　　　　　　　　图 11-76　阵列效果

（16）单击建模工具栏上的 ▱ 按钮，激活【长方体】命令，创建长度为 22、宽度为 460、高度为 530 个绘图单位的长方体。命令行操作如下。

命令: _box	
指定第一个角点或 [中心(C)]:	//激活捕捉自功能
_from 基点:	//捕捉如图 11-77 所示的中点
<偏移>:	//输入 "@-11,11,0" 并按 Enter 键
指定其他角点或 [立方体(C)/长度(L)]	//输入 "@22,460,530" 并按 Enter 键，效果如图 11-78 所示

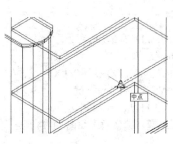 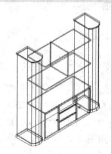

图 11-77　捕捉中点　　　　　　　　　　　图 11-78　创建效果

（17）单击建模工具栏上的 ▱ 按钮，激活【长方体】命令，配合捕捉自功能，创建长度为 220、宽度为 20、高度为 170 个绘图单位的长方体。命令行操作如下。

命令: _box	
指定第一个角点或 [中心(C)]:	//激活捕捉自功能
_from 基点:	//捕捉如图 11-79 所示的中点
<偏移>:	//输入 "@0,0,-12.5" 并按 Enter 键
指定其他角点或 [立方体(C)/长度(L)]:	//输入 "@-589,460,25" 并按 Enter 键，效果如图 11-80 所示

（18）选择【修改】→【三维操作】→【三维镜像】命令，对刚创建的长方体进行镜像操作，效果如图 11-81 所示。

（19）将刚镜像出的长方体沿 Z 轴正方向移动 80 个绘图单位，然后将移动后的长方体沿 Z 轴负方向进行复制并移动 160 个绘图单位，效果如图 11-82 所示。

图 11-79　捕捉中点　　　　　　　　图 11-80　创建效果

图 11-81　镜像效果　　　　　　　　图 11-82　操作效果

（20）将视图切换为主视图，然后使用简写命令 MI 激活【镜像】命令，对模型进行镜像操作。命令行操作如下。

命令:MI
选择对象:　　　　　　　　　　　　　//选择如图 11-83 所示的对象
选择对象:　　　　　　　　　　　　　//按 Enter 键
指定镜像线的第一点:　　　　　　　　//捕捉如图 11-84 所示的中点
指定镜像线的第二点:　　　　　　　　//输入 "@0,1" 并按 Enter 键
要删除源对象吗？[是(Y)/否(N)] <N>:　//按 Enter 键，结束命令，镜像效果如图 11-85 所示

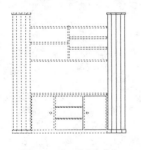

图 11-83　选择对象

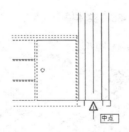

图 11-84　捕捉中点

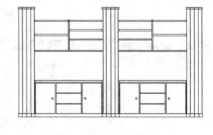

图 11-85　镜像效果

（21）将视图恢复为西南视图，然后对模型进行概念着色，效果如图 11-58 所示。

11.3　上机练习

1. 通过拉伸平面图形绘制如图 11-86 所示的实体模型。
2. 绘制如图 11-87 所示组合体的实体模型。

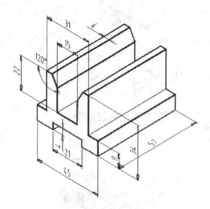

图 11-86 实体模型效果

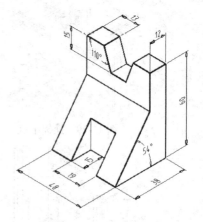

图 11-87 实体模型效果

3．绘制如图 11-88 所示组合体的实体模型。

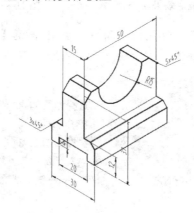

图 11-88 实体模型效果

4．绘制如图 11-89 所示组合体的实体模型。

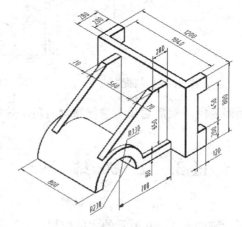

图 11-89 实体模型效果

5．使用布尔运算绘制如图 11-90 所示立体的实体模型。

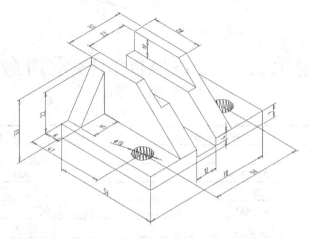

图 11-90　实体模型效果

6. 使用布尔运算绘制如图 11-91 所示立体的实体模型。

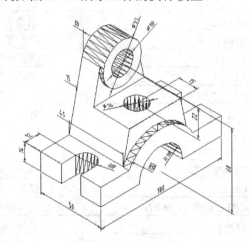

图 11-91　实体模型效果

附录 A AutoCAD 2013 常用命令

快 捷 命 令	执 行 命 令	命 令 说 明
A	ARC	圆弧
ADC	ADCENTER	AutoCAD 设计中心
AA	AREA	计算区域面积
AR	AEEAY	陈列
AL	ALIGN	对齐对象
ATE	ATTEDIT	选择块的参照
ATT	ATTDEF	创建属性定义
ATTE	ATTEDIT	是否一次编辑一个属性
B	BLOCK	创建块
BH	BHATCH	绘制填充图案
BC	BCLOSE	关闭块编辑器
BE	BEDIT	块编辑器
BO	BOUNDARY	创建封闭边界
BR	BREAK	打断
BS	BSAVE	保存块编辑
C	CIRCLE	圆
CH、MO、PR	PROPERTIES	修改对象特性
CHA	CHAMFER	倒角
CHK	CHECKSTANDARD	检查图形 CAD 关联标准
CO 或 CP	COPY	复制
COL	COLOR	对话框式颜色设置
D	DIMSTYLE	标注样式设置
DAL	DIMALIGNED	对齐标注
DAN	DIMANGULAR	角度标注
DBA	DIMBASELING	基线标注
DBC	DBCONNECT	提供至外部数据库的接口
DCE	DIMCENTER	圆心标记
DCO	DIMCONTINUE	连续标注
DDA	DIMDISASSOCIATE	解除关联的标注
DDI	DIMDIAMETER	直径标注
DED	DIMEDIT	编辑标注
DI	DIST	求两点之间的距离
DIV	DIVIDE	定数等分
DLI	DIMLINEAR	线性标注
DO	DOUNT	圆环

快 捷 命 令	执 行 命 令	命 令 说 明
DOR	DIMORDINATE	坐标标注
DOV	DIMOVERRIDE	更新标注变量
DR	DRAWORDER	显示顺序
DV	DVIEW	使用相机和目标定义平行投影
DRA	DIMRADIUS	半径标注
DRE	DIMREASSOCIATE	更新关联的标注
DS、SE	DSETTINGS	草图设置
DT	TEXT	单行文字
E	ERASE	删除对象
ED	DDEDIT	编辑单行文字
EL	ELLIPSE	椭圆
EX	EXTEND	延伸
EXP	EXPORT	输出数据
EXIT	QUIT	退出程序
F	FILLET	圆角
FI	FILTER	过滤器
G	GROUP	对象编组
GD	GRADIENT	渐变色
GR	DDGRIPS	夹点控制设置
H	HATCH	图案填充
HE	HATCHEDIT	编辑图案填充
HI	HIDE	生成三维模型时不显示隐藏线
I	INSERT	插入块
IMP	IMPORT	将不同格式的文件输入到当前图形中
IN	INTERSECT	采用两个或多个实体或面域的交集创建复合实体或面域并删除交集以外的部分
INF	INTERFERE	采用两个或 3 个实体的公共部分创建三维复合实体
IO	INSERTOBJ	插入链接或嵌入对象
IAD	IMAGEADJUST	图像调整
IAT	IMAGEATTACH	光栅图像
ICL	IMAGECLIP	图像裁剪
IM	IMAGE	图像管理器
J	JOIN	合并
L	LINE	绘制直线
LA	LAYER	图层特性管理器
LE	LEADER	快速引线
LEN	LENGTHEN	调整长度
LI、LS	LIST	查询对象数据
LO	LAYOUT	布局设置
LT	LINETYPE	线型管理器
LTS	LTSCALE	线型比例设置

快 捷 命 令	执 行 命 令	命 令 说 明
LW	LWEIGHT	线宽设置
M	MOVE	移动对象
MA	MATCHPROP	线型匹配
ME	MEASURE	定距等分
MI	MIRROR	镜像对象
ML	MLINE	绘制多线
MS	MSPACE	切换至模型空间
MT	MTEXT	多行文字
MV	MVIEW	浮动视口
O	OFFSET	偏移复制
OP	OPTIONS	打开选项
OS	OSNAP	对象捕捉设置
P	PAN	实时平移
PA	PASTESPEC	选择性粘贴
PE	PEDIT	编辑多段线
PL	PLINE	绘制多段线
PLOT	PRINT	将图形输入到打印设备或文件
PO	POINT	绘制点
POL	POLYGON	绘制正多边形
PRE	PREVIEW	输出预览
PRINT	PLOT	打印
PRCLOSE	PROPERTIESCLOSE	关闭【特性】选项板
PARAM	BPARAMETER	编辑块的参数类型
PS	PSPACE	图纸空间
PU	PURGE	清理无用的空间
QC	QCICKCALC	快速计算器
R	REDRAW	重画
RA	REDRAWALL	所有视口重画
RE	REGEN	重生成
REA	REGENALL	所有视口重生成
REC	RECTANGLE	绘制图矩形
REG	REGION	2D 面域
REN	RENAME	重命名
RO	ROTATE	旋转
S	STRETCH	拉伸
SC	SCALE	比例缩放
SE	DSETTINGS	草图设置
SET	SETVAR	设置变量值
SN	SNAP	捕捉控制
SO	SOLID	填充三角形或四边形

续表

快 捷 命 令	执 行 命 令	命 令 说 明
SP	SPELL	拼写检查
SPE	SPLINEDIT	编辑样条曲线
SPL	SPLINE	样条曲线
SSM	SHEETSET	打开图纸集管理器
ST	STYLE	文字样式
STA	STANDARDS	配置标准
SU	SUBTRACT	差集运算
T	MTEXT	多行文字输入
TA	TABLET	数字化仪
TB	TABLE	插入表格
TH	THICKNESS	设置当前三维实体的厚度
TI、TM	TILEMODE	图纸空间和模型空间的设置切换
TO	TOOLBAR	工具栏设置
TOL	TOLERANCE	形位公差
TR	TRIM	修剪
TP	TOOLPALETTES	打开工具选项板
TS	TABLESTYLE	表格样式
U	UNDO	撤销命令
UC	UCSMAN	UCS 管理器
UN	UNITS	单位设置
UNI	UNION	并集运算
V	VIEW	视图
VP	DDVPOINT	预设视点
W	WBLOCK	写块
WE	WEDGE	创建楔体
X	EXPLODE	分解
XA	XATTACH	附着外部参照
XB	XBIND	绑定外部参照
XC	XCLIP	剪裁外部参照
XL	XLINE	构造线
XP	XPLODE	将复合对象分解为其组件对象
XR	XREF	外部参照管理器
Z	ZOOM	缩放视口
3A	3DARRAY	创建三维阵列
3F	3DFACE	在三维空间中创建三侧面或四侧面的曲面
3DO	3DORBIT	在三维空间中动态查看对象
3P	3DPOLY	在三维空间中使用连续线型创建由直线段构成的多段线

附录 B　AutoCAD 2013 快捷键速查

快 捷 键	功 能 说 明	快 捷 键	功 能 说 明
Esc	Cancel<取消命令执行>	Ctrl+G	栅格显示<开或关>，功能同 F7 键
F1	帮助 HELP	Ctrl+H	Pickstyle<开或关>
F2	图形/文本窗口切换	Ctrl+K	超链接
F3	对象捕捉<开或关>	Ctrl+L	正交模式<开或关>，功能同 F8 键
F4	三维捕捉开关	Ctrl+M	同 Enter 键
F5	等轴测平面切换<上/右/左>	Ctrl+N	新建
F6	动态 UCS 显示<开或关>	Ctrl+O	打开旧文件
F7	栅格显示<开或关>	Ctrl+P	打印输出
F8	正交模式<开或关>	Ctrl+Q	退出 AutoCAD
F9	捕捉模式<开或关>	Ctrl+S	快速保存
F10	极轴追踪<开或关>	Ctrl+T	数字化仪模式
F11	对象捕捉追踪<开或关>	Ctrl+U	极轴追踪<开或关>，功能同 F10 键
F12	动态输入<开或关>	Ctrl+V	从剪贴板粘贴
窗口键+D	Windows 桌面显示	Ctrl+W	选择循环<开或关>
窗口键+E	Windows 文件管理	Ctrl+X	剪切到剪贴板
窗口键+F	Windows 查找功能	Ctrl+Y	取消上一次的 Undo 操作
窗口键+R	Windows 运行功能	Ctrl+Z	Undo 取消上一次的命令操作
Ctrl+0	全屏显示<开或关>	Shift+Ctrl+C	带基点复制
Ctrl+1	特性 Propertices<开或关>	Shift+Ctrl+S	另存为
Ctrl+2	AutoCAD 设计中心<开或关>	Shift+Ctrl+V	粘贴为块
Ctrl+3	工具选项板窗口<开或关>	Alt+F8	VBA 宏管理
Ctrl+4	图纸管理器<开或关>	Alt+F11	AutoCAD 和 VAB 编辑器切换
Ctrl+5	信息选项板<开或关>	Alt+F	【文件】POP1 下拉菜单
Ctrl+6	数据库链接<开或关>	Alt+E	【编辑】POP2 下拉菜单
Ctrl+7	标记集管理器<开或关>	Alt+V	【视图】POP3 下拉菜单
Ctrl+8	快速计算器<开或关>	Alt+I	【插入】POP4 下拉菜单
Ctrl+9	命令行<开或关>	Alt+O	【格式】POP5 下拉菜单
Ctrl+A	选择全部对象	Alt+T	【工具】POP6 下拉菜单
Ctrl+B	捕捉模式<开或关>，功能同 F9 键	Alt+D	【绘图】POP7 下拉菜单
Ctrl+C	复制内容到剪贴板	Alt+N	【标注】POP8 下拉菜单
Ctrl+D	动态 UCS 显示<开或关>，功能同 F6 键	Alt+M	【修改】POP9 下拉菜单
Ctrl+E	等轴测平面切换<上/右/左>，功能同 F5 键	Alt+W	【窗口】POP10 下拉菜单
Ctrl+F	对象捕捉<开或关>，功能同 F3 键	Alt+H	【帮助】POP11 下拉菜单

参 考 文 献

[1] 中华人民共和国国家标准. GB/T50001-2010 房屋建筑制图统一标准[S]. 北京：中国计划出版社，2011.

[2] 中华人民共和国国家标准. GB/T501041-2010 建筑制图标准[S]. 北京：中国计划出版社，2011.

[3] 中华人民共和国国家标准. GB/T50105-2010 建筑结构制图标准[S]. 北京：中国计划出版社，2011.

[4] 中华人民共和国国家标准. GB50162-92 道路工程制图标准[S]. 北京：中国计划出版社，1996.

[5] 中华人民共和国电力行业标准. DL/T5347-2006 水电水利工程基础制图标准[S]. 北京：中国电力出版社，2007.

[6] 中华人民共和国电力行业标准. DL/T5348-2006 水电水利工程水工建筑制图标准[S]. 北京：中国电力出版社，2007.

[7] 崔洪斌. AutoCAD2013 中文版实用教程[M]. 北京：人民邮电出版社，2012.

[8] 陈志民，等. AutoCAD2013 从入门到精通[M]. 北京：机械工业出版社，2012.

[9] 伍超奎. AUTOCAD2007 应用基础教程[M]. 北京：清华大学出版社，2008.

[10] 丁金滨. AUTOCAD 2009 基础入门与范例精通[M]. 北京：北京科海电子出版，2008.

[11] 史宇宏，史小虎，陈玉蓉. AutoCAD2009 从入门到精通[M]. 北京：北京希望电子出版社，2009.

[12] 郭朝勇. AUTOCAD2008 建筑应用实例教程[M]. 北京：清华大学出版社，2007.

[13] 程俊峰，姜勇，尹志超. AutoCAD2008 中文版习题精解[M]. 北京：人民邮电出版社，2008.

[14] 黄甫平. 工程图学实践与 CAD[M]. 北京：人民邮电出版社，2003.

[15] 程绪琦，王建华. AutoCAD2007 中文版标准教材[M]. 北京：电子工业出版社，2006.

[16] 张英. AUTOCAD2006 基础教程与上机指导[M]. 北京：北京理工大学出版社，2006.

[17] 陈倩华，王晓燕. 土木建筑工程制图[M]. 北京：清华大学出版社，2011.

[18] 李怀键，陈星铭. 土建工程制图[M]. 第三版. 上海：同济大学出版社，2007.